In and Out
the Garbage Pail

Gestalt 格式塔治疗丛书

主 编 费俊峰

进出垃圾桶

In and Out the Garbage Pail

〔德〕弗雷德里克·皮尔斯（Frederick Perls） 著

吴艳敏 译

南京大学出版社

图书在版编目（CIP）数据

进出垃圾桶 /（德）弗雷德里克·皮尔斯著；吴艳敏译. —南京：南京大学出版社，2025.2
（格式塔治疗丛书 / 费俊峰主编）
书名原文：In and Out the Garbage Pail
ISBN 978-7-305-27421-3

Ⅰ. ①进⋯　Ⅱ. ①弗⋯ ②吴⋯　Ⅲ. ①完形心理学　Ⅳ. ①B84-064

中国国家版本馆 CIP 数据核字（2023）第 232152 号

出版发行	南京大学出版社
社　　址	南京市汉口路 22 号　邮编 210093
丛 书 名	格式塔治疗丛书
丛书主编	费俊峰
书　　名	**进出垃圾桶**
	JINCHU LAJITONG
著　　者	（德）弗雷德里克·皮尔斯
译　　者	吴艳敏
责任编辑	陈蕴敏
封面设计	冯晓哲
照　　排	南京紫藤制版印务中心
印　　刷	江苏苏中印刷有限公司
开　　本	635 mm×965 mm　1/16　印张 17.5　字数 211 千
版　　次	2025 年 2 月第 1 版　2025 年 2 月第 1 次印刷
ISBN 978-7-305-27421-3	
定　　价	88.00 元
网　　址	http://www.njupco.com
官方微博	http://weibo.com/njupco
官方微信	njupress
销售咨询	（025）83594756

* 版权所有，侵权必究
* 凡购买南大版图书，如有印装质量问题，请与所购图书销售部门联系调换

"格式塔治疗丛书"序一
格式塔治疗，存在之方式

[德] 维尔纳·吉尔

我是维尔纳·吉尔（Werner Gill），是一名在中国做格式塔治疗的培训师，也是德国维尔茨堡整合格式塔治疗学院（Institute für Integrative Gestalttherapie Würzburg - IGW）院长。

我学习、教授和实践格式塔治疗已三十年有余。但是我的初恋是精神分析。

二者之间有相似性与区别吗？

格式塔治疗的创始人弗里茨和罗拉，都是开始于精神分析。他们提出了一个令人惊讶的观点：在即刻、直接、接触和创造中生活与工作。

此时此地的我汝关系。

不仅仅是考古式地通过理解生活史来探索因果关系，而是关注当下、活力和具体行动。

成长、发展和治疗，这是接触和吸收的功能，而不仅是内省的功能。

在对我和场的充分觉察中体验、理解和行动，皮尔斯夫妇尊崇这三者联结中的现实原则。

进出垃圾桶

格式塔治疗是一种和来访者及病人在不同的场中工作的方式，也是一种不以探讨对错为使命的存在方式。

现在，我们很荣幸可以为一些格式塔治疗书籍中译本的出版提供帮助，以便广大同行直接获取。

让我们抓住机会迎接挑战。

好运。

（吴艳敏　译）

"格式塔治疗丛书"序二
初　　心

施琪嘉

皮尔斯的样子看上去很粗犷，他早年就是一个不拘泥于小节的问题孩子，后来学医，学戏剧，学精神分析，学哲学。现在看来这些都是为他后来发展出来的格式塔心理治疗准备的。

他满心欢喜地写了精神分析的论文，在大会上遇见弗洛伊德，希望得到肯定和接受。然而，他失望了，因为弗洛伊德对他的论文反应冷淡。据说，这是他离开精神分析的原因。

从皮尔斯留下来的录像中可以看出，他的治疗充满激情，在美丽而神经质的女病人面前大口吸烟，思路却异常敏捷，一路紧追其后地觉察，提问。当病人癫狂发作大吼大叫并且打人毁物时，他安然坐在椅子上，适时伸手摸摸病人的手，轻轻地说，够啦，病人像听到魔咒一样安静下来。

去年全美心理变革大会上，年过九十的波尔斯特（Polster）做大会发言，一名女性治疗师作为客人上台演示。她描述了她的神经症症状，波尔斯特说，我年纪大了，听不清楚，请您到我耳边把刚才讲的再说一遍。于是那个治疗师伏在波尔斯特耳边用耳语重复了一遍。波尔斯特又说，我想请您把刚才对我说的话唱出来，那个治疗师愣了一会儿，居然当着全场数千人的面把她想说的话唱了出来。大家看见，短短十几分钟内，那个治疗师的神采出现了巨大的改变。

波尔斯特是皮尔斯同辈人，那一代前辈仍健在的已经寥寥无几，波尔斯特到九十岁，仍然在展示格式塔心理治疗中创造性的无处不在。

格式塔心理治疗结合了格式塔心理学、现象学、存在主义哲学、精神分析、场理论等学派，成为临床上极其灵活、实用和具有存在感的一个流派。

本人在临床上印象最深的一次格式塔心理治疗情景为：一名十五岁女孩因父亲严苛责骂而惊恐发作，经常处于恐惧、发抖、蜷缩的小女孩状态中，我请她在父亲面前把她的恐惧喊出来，她成功地在父亲面前大吼出来。后来她考上了音乐学院，成为一名歌唱专业的学生。

格式塔心理治疗培训之初重点学习的一个概念是觉察，当一个人觉察力提高后，就像热力催开的水一样，具有无比的能量。最大的能量来自内心的那份初心，所以格式塔心理治疗让人回到原初，让事物回归真本，让万物富有意义，从而获得顿悟。

中国格式塔心理治疗经过超过八年的中德合作项目，以南京、福州作为基地，分别培养出六届和四届总计近两百人的队伍，我们任重而道远啊！

2018年5月30日

进出垃圾桶，
一个我的创造，
也许鲜活，也许陈腐，
忧郁低落或兴高采烈。

迷雾和遗憾，我曾有过，
将会再次检视；
感觉清醒还是疯狂，
接受或拒绝。

忧虑和混乱，该停止了！
取而代之
以有意义的格式塔，
为吾生之终章。

这一次我打算写写我自己。毋庸置疑，任何一个打算写自传的人，或多或少地，都带有主观色彩。当然你可以说书写的是所谓的客观观察或者概念和理论，但是观察者终究是这些观察的一部分。或者他会选择所观察的内容，又或者他遵循老师的指令，这种情况下他自己的卷入可能减到很小程度，但是仍然存在。

因此，我再说一遍。难免武断——永远不要说："我的观点是……"

我的名字是弗里德里希·萨洛蒙·皮尔斯（Friedrich Salomon Perls），美式写法是弗雷德里克·S. 皮尔斯（Frederick S. Perls），通常被人称为弗里茨或者弗里茨·皮尔斯，有时候是弗里茨博士——写这些的时候我感觉多少有点轻巧和官方化。我也在想，我是写给谁看呢，而且最要紧的是，我能有多真诚。哦，我也知道，我并不指望做真情告白，但是我希望我对自己是诚实的。那我会面临什么风险呢？

我成了一个公众人物。从默默无闻的中下层犹太男孩成为一个平庸的精神分析师，最后成为一种"新"疗法和一种能够给人类带来帮助的新哲学的拥护者。

这是否意味着我是个大善人或者我希望为人类服务呢？实际上，我问出这个问题就表明了我的怀疑。我相信我所做的一切都是为了我自己，为了我解决问题的兴趣，更多的是为了我的虚荣心。

当我能够成为主角，炫耀快速触及一个人的本质和困境的特技时，我感觉无比良好。然而，我一定还有另外一面。无论何时，当有真实的事情发生的时候，我都深深地被触动，当我与一个患者在深层相遇的时候，我完全忘记了我的观众和他们可能的赞美，我那时是全然在那里的。

我可以做到这样。我可以完全"忘记"我自己。比如1917年，我们驻扎在一个火车站附近。当这座火车站被炸毁的时候，两辆载有弹药的火车相撞，在炮弹纷飞中，我毫无恐惧地奔向那里，也顾不上我的皮肉，赶到伤员身边。

看，我又来了，吹嘘。炫耀。也许我夸大或者编造了这件事？一个人幻想的限制是什么？就如尼采所说：记忆和骄傲在打仗。记忆说："是那样的。"骄傲说："不可能是那样的！"然后记忆屈服了。

我感觉到防御。我的营长是一个反犹太者。他曾经因此感到压力，但是当他要为我写推荐信的时候，压力就落到我头上了。

我在做什么？凝视一个自我折磨的游戏？还是在炫耀。看，我多么诚实！

欧内斯特·琼斯（Ernest Jones）曾经叫我展示者（exhibitionist），不带恶意。他性格温和，也喜欢我。

的确，我具有一些自我展示的倾向——甚至在性方面——但是窥探的兴趣总是更大。更进一步讲，我不相信我想要炫耀的需要可以被简单地解释为性变态。

尽管我有这么多的自吹自擂，但是我不太想着自己，这一点我很确定。

我的中间名字是萨洛蒙。英明的萨洛蒙大帝宣称："虚荣，尽是虚荣！"

我甚至不能吹嘘我特别虚荣。然而，我确信，大多数的炫耀是出于过度补偿。不仅仅是补偿我的不确定，而且是过度地补偿，好对你催眠，让你相信我真的天赋异禀。而且不容置疑！

我和我的妻子很多年来都在玩这样一个游戏："你一定是被我吸引了吧？你能否认吗？"直到我意识到我总是被压制，我压根儿赢不了。那个时候我仍然对人类愚蠢的游戏感兴趣——认为赢是重要的，甚至是必要的。

归根结底都落到自尊（self-esteem）、自爱（self-love）和自体意象（self-image）的问题上。

自尊和其他任何一个心理现象一样，也存在极性问题。与高自尊、自豪、荣耀、自觉高人一等相对的是：感觉低下、无价值、卑微、渺小。就像英雄与寒士。

我仍然阅读弗洛伊德大部分的作品。令我吃惊的是，因为被性学的观点占据，他看不到自尊和力比多理论的关系。同样，沙利文（Sullivan）专门研究自尊系统，但是显然错过了二者之间的联系。

对我来讲，这个系统（自尊）的功能与性器官的勃起和消肿之间的相似性显而易见。充满自豪，犹如人格的勃起，与感觉到低三下四的卑微形成对比。贞洁的老处女的触摸是猥琐的。在感觉到羞耻的时候，血液涌到头部令生殖器受损。在德语里生殖器被称为"die Schamteile"——羞耻的部位。

用弗洛伊德的术语，我们可以说自尊系统的行为是力比多的移置（displacement）。同时我们也可以获得关于心身关系的些许洞见。

显然勃起首先是一种生理功能，而自尊是"心灵"（mind）之事：这是我称为幻想（fantasy）或者想象/创造意象的功能（貌似是一系列连贯的发生）。

这带领我们进入存在主义哲学的领域。关于存在性议题的澄清，我相信相当程度上聚焦于虚荣和真诚的存在，甚至可能为我们的社会和生物存在之间的分裂提供解药。

作为生物性个体，我们是动物；作为社会性存在，我们扮演各种角色，上演各出戏。作为动物，我们为生存而杀戮；作为社会性存在，我们为了荣耀、贪婪和复仇而杀戮。作为生物性存在，我们过着一种与自然息息相关的生活；作为社会性存在，我们实行一种"仿佛"（as if）性存在（费英格［Vaihinger］：《"仿佛"的哲学》［*Philosophy of "as if"*］），这种存在充斥着大量的现实、幻想和假装的混淆。

对于现代人来讲，这个问题可以归结为通常不兼容的两个方面，自体实现（self-actualization）与自体概念（self-concept），或者自体意象的实现。

1926年我成为库尔特·戈尔德施泰因（Kurt Goldstein）的助手，治疗脑损伤士兵。之后我会多谈一下他。现在我只想提一下，他曾经使用过"自体实现"这个词，我那时并不理解。25年后，当我从马斯洛（Maslow）的嘴里听到这个词的时候，除了觉得它听起来是个好东西外，还不是很理解，它的意思就像是你要真诚地表达自己，但是又要刻意去做。这相当于一个项目、一个概念。

很多年之后，我才从格特鲁德·斯坦（Gertrude Stein）的"玫瑰是玫瑰就是玫瑰"的意义上理解了自体实现的本质。

自体概念的实现就如弗洛伊德所说的理想自我（ego-ideal）。然而，弗洛伊德像变戏法似的交替使用"超我"和"理想自我"的概念。它们绝对是不同的现象。超我是道德性的，具有控制的功能，只有百分之百渴望服从的自我才称它（超我）是理想的。弗洛伊德在理解自体（self）这点上从来没有说到点子上。他卡在自我（ego）上了。母语是英语的人在理解弗洛伊德的逻辑方面还有另外一个困难。在德语中，"自我"和"我"（I）是同义词。在英语中，"自我"的含义接近自尊系统。我们可以把"我想要认可"（I want recognition）翻译为"我的自我需要认可"（My ego needs recognition），但是"我想要一片面包"不能翻译为"我的自我需要一片面包"。这样说听起来很荒谬。

"自体实现"是一个现代词语。它已经被嬉皮士、艺术家，还有心理学家——抱歉这样说——美化、扭曲了。它已经成了一个项目和成就。这就是物化的结果，一种把过程（*process*）变成物（*thing*）的需要。这种情况下，这甚至意味着神化和美化一个位点，自体仅仅显示发生事情的"位置"，自体需要和他者性（*otherness*）做对比才有意义。

自体是一种指示灯，"我自己做"仅仅表明没有其他人做，必须用小写字母。一旦把它写成首字母大写的"Self"，很容易就把一部分——一个非常特别的部分——当成整个有机体。它（Self）近似于陈旧的灵魂概念或者哲学本质的概念，被当成有机体的"本源"。

相反的是潜能和自体实现。小麦的种子具有成为一株植物的潜能，小麦植株就是它的自体实现。

注意：自体实现意味着小麦种子会实现成为小麦植株而不是黑麦植株。

我必须在这里解释一下。如果这份手稿出版了，编辑可能会删除接下来的内容，或者加以润色。

对我来说，我的两个"问题"中，一个是"炫耀"，另外一个——抽烟和自我毒害的问题——可以等一等再讲。对于第一个问题，频繁出现的无聊和"炫耀"紧密相关。它们是怎么联系在一起的，我希望在书写过程中厘清。在与人对话的过程中我经常想要获得许可、认可和崇拜。实际上，我经常站出来或者带出话题，不是为了获得智慧和领悟，而是为了自我吹嘘，或者我认为与我等同的、格式塔治疗获得的认可。

无聊也常常驱使我（瞧，我否认我对制造我的无聊负有责任）成为其他人眼中粗暴无礼的人，或者会做些"释放阴霾"的事情，或者开始调情和性的游戏。这需要在其他语境下进行更多的讨论。这里就有个吹嘘的例子。《民族周刊》（The Nation）有篇报道伊萨兰的文章写道："所有女孩都一致同意——论接吻谁也比不上弗里茨·皮尔斯。"

最近我找到一种更具有建设性的方式对付我的无聊：坐下来写作。如果没有无聊的感觉，我可能也不会坐下来，在纸上写字。

这听上去是我在精神病院经常做的事情的反过程：也就是说，无聊是阻碍真正兴趣的结果。

现在我是否可以得出一个结论，即美化自己是我生活的真正兴趣，我奴役并动用它来服务于伟大的弗里茨·皮尔斯形象？也就是说我没有实现我的自体，而是实现一种自体概念？

突然之间，这点对我来讲非常贴切，"应该主义"也是。自体概念实现是一种罪。我是否正在变成清教徒？

再回到自体实现的"美德"和自体实现的现实。

让我们把小麦和黑麦种子的例子推至极致。

很明显，老鹰通过在天空翱翔、捕食小动物、筑巢来实现自己的潜能。

很明显，大象的潜能在体型、力量和笨重方面得到体现。

没有老鹰想要成为大象，也没有大象想要成为老鹰。它们"接受"自己，它们接受它们的"自体"。不对，它们甚至无所谓接受不接受，因为接受意味着存在拒绝的可能性。它们理所当然地接受自己。不对，它们甚至也无所谓理所当然，因为理所当然意味着还有其他的可能性。它们就是如此。它们就是它们的天性使然的存在。

如果它们像人类一样，具有幻想、不满和自欺，该多么荒谬！如果大象厌倦了在陆地上行走，想要飞翔，想吃兔子，还会下蛋，那是多么荒谬。如果老鹰想拥有野兽的力量和厚厚的皮肉，那是多么荒谬。

把这些都留给人类吧——想要变成别的样子——怀揣不能触及的理想，被完美主义诅咒，只有完美才能免于被批评，经受无穷无尽的心理折磨。

一边是一个人的潜能及其实现，另一边是对这种真实的扭曲，二者之间的差距已显而易见。"应该主义"抬起了丑陋的头。我们"应该"消除、否认、压抑、忽略很多真实的特征和源头，而增添、假装，以及扮演和发展不被我们的生命冲力（élan vital）支持的角色，制造了不同程度的虚假行为。不同于真实的人的整体性，我们是片段化的、冲突的、带着麻木绝望的纸人。

内稳态（homeostasis）这个自体调节和有机体自体控制的精妙机制，被一个外部的强加的控制狂取代，一个人和物种的生存价值被削弱。躯体化症状、沮丧、厌倦和强迫性行为取代了生活乐趣（joie de vivre）。

心与身的二分法，是深植于我们文化的最深层的分裂，而且被当成理所当然：这种迷信认为具有两种分离又彼此依赖的物质，即心灵和身体。数不清的哲学家提出了各自的假说，要么断定思想（idea）、精神（spirit）或心灵创造了身体（比如黑格尔），要么从物质主义角度出发，认为这些现象或者副现象是物质的结果或者超级结构（比如马克思）。

以上两种都不对。我们就是有机体，我们（指的是神秘的第一人称"我"）不拥有有机体。我们就是一种整体的单位，但是我们具有从这个整体中抽象出很多部分的自由。是抽象，不是减去，不是分裂。我们可以根据我们的兴趣，有机体的行为、社会功能或者生理状态，解剖学，或者这个、那个方面进行抽象，但是我们需要保持警觉，不要把任何抽象出来的东西当成整体有机体的某个"部分"。兴趣和抽象概念，以及部分和格式塔浮现之间的关系，我以前已经写过了。我们可以具有抽象概念的组合，我们可以趋近了解一个人或者一个东西，但是我们永远不可能具有对物自体（das Ding an sich）全部的觉察（用康德的话来说）。

我现在是不是太哲学化了？毕竟，我们太需要一种新的定向（orientation）、一个新的视角了。对于定向的需要是有机体的功能。我们有眼睛和耳朵等，让我们在这个世界上定向，我们的本体感受神经帮助我们知道皮肤内发生了什么。哲学化意味着重新在一个人的世界中定向。信仰是一种哲学，一种不言自明的参照系统。

哲学化是我们智力游戏的一个极端例子。它尤其符合"符合"（fitting）的游戏。

也许还有其他游戏，但是我看到两种主导我们大部分定向和行为的游戏。比较的游戏和符合的游戏。抽象是有机体的功能，但是一旦我们从情境中抽象后，就把它们变成了符号和数字，然后它们就成了游戏的材料。拿双关和绕口令来讲，就可以说明我们可以让抽象概念离原始情境有多远。

我读过的描写游戏最精彩的书是赫尔曼·黑塞（Herman Hesse）的《卢迪老师》（*Magister Ludi*），真是游戏大师。当我看到巴赫利用声音形成错综复杂的模式，用于促进信众的狂喜时，我觉得非常合理。

我无法遵从那种约定俗成的看法——游戏是不好的，严肃是值得赞赏的。大师的诙谐曲是不严肃的，但是他一样地真诚。幼崽在游戏，但是没有这些游戏的话，它们怎么能学会捕猎和生存？

> 我困惑了。
> 我想玩符合的游戏。
> 像我这样对不一致过敏又不整洁的人，
> 习惯成性——我的房间和衣服——我需要秩序
> 在我的思想里
> 连缀碎片成整体。
> 格式塔和混乱在交战。
> 还有什么要理解？
>
> 让我们从性开始。

男人和女人之间的各种游戏,
父母和孩子玩的游戏,
从温柔的触碰到强奸和谋杀,
成千上万,花样繁多,
扭曲或正常,折磨和愉悦的游戏。
目的清晰浮现:
高潮就是最终目标。
不再有控制,
旋律迭起。
造化神秘莫测,自有其道:生而不宰。
臣服于一体,
大步地后撤,
一个强格式塔闭合。

涉及两个阶段,显而易见。
一个是做爱的多种方式;
另外一个是交媾。
前者是万般美好的,崇高和升华;
如杜威所说,它是**手段**。

同一(sameness)携带爆炸性的能量,
动物性的目的呈现。

目的是狂喜的平静。
涅槃的"空"暂住而易逝。
格式塔闭合,满足涌现,

进出垃圾桶

透过肌肤和灵魂。

生活仍在继续。又一个需要、又一个游戏,
从盈空中升腾而起。
食欲、任务、伤害,
未疗愈的,被性欲挤到一边,
渴求关注,哭喊着要你听。
醒醒,行动呀!
生活就是如此往复,无止境的、
有待完成的格式塔洪流!
生活继续,书也要继续。
多少天来一笔未落。
只能给朋友们看之前的几页草稿,
我满心欢喜,无来由地,
突然书写富有节奏,
脱离了干瘪的叙述。
一种新的风格浮现。
犹如从谈论音乐到沉浸其中,
与词语游戏,同时伴随着
一种自发表达的意象,
一个完整的格式塔跃然纸上。

我过去写过自己。
我就是我的实验室。
我对你的隐私体验不知情,
除非你向我袒露。

人与人之间本无先天的桥梁。
我猜测、想象、共情，可能的含义。
我们本是陌生人，也仍将是陌生人，
除了你和我共同的一些身份
在一体中难分彼此。
或者更好些，在你触碰到我的地方，
我也触碰到你，
此时陌生化为熟悉。

大多数时候，我们只是在玩游戏，
像卫星一样一圈圈地，
避免接触碰撞。
我仍然孤独地以词语为音符演奏着，
我正挣扎着回到袒露的话题，
我曾经试图讨论。
现在依然想学习
用韵文写作。
不是押韵的诗，而是节奏感
顺流而下，
起伏流转，
若水流一般
缓缓荡漾。
但非散文，诉说任何闪过
头脑和心间的东西。
不似科学那般干瘪，
亦非诗歌那般奇丽。

格式塔从背景中浮现。
生命活泼自在。
而非塑料死尸。

但是词语是社会性的,不是吗?
从摸索自体生命的真谛,
到以词语玩弄计算游戏。
并遵循严格的游戏规则,
给我支持和增长的技能。
不要为了嘲笑失败而赢得游戏,
那样也太耗竭了,近乎死亡!
新发现的路径带来的喜悦,
学习新的路径即,
发明未曾有过的东西,
或者从未被言说的词语。

"弗里茨,休息一下。
"你已经做得够多了。
"你发现了禅、道和真理。
"对其他人,你也说得够清楚——
"诚实的努力是永无止境的。
"你还想要什么呢?
"还不够吗?"
别再贪婪了,平静地休息吧,
不是像冰块一样笔挺地坐着。
而是一种由内至外,

由外至内，有节奏的休息。
像计时的钟摆，
像心脏的跳动，一张一翕。
接触-后撤，世界和自体
互补中和谐。

"来，向他人灌输任何你想要的东西。
"你说的是你自己而不是世界。
"因为镜子里反射的，就是你的假设，
"你透过窗子的光和暗影向外看。
"你看到的是你自己，不是我们。
"投射你自己，清除那个汝，
"即兴的自体，收回你自己，
"成为投射，深入地扮演。
"其他人的角色就是你自己。
"来吧，收回去，然后多成长一些。
"吸收你否弃的东西。

"如果你对任何东西怀有恨意，
"这是你的东西，尽管这很难承受。
"因为你就是我，我就是你。
"你痛恨你身上你鄙视的东西。
"你恨你自己，却以为恨的是我。
"投射是最毒的东西。
"它们糟践你，让你盲目。
"把你吹上山巅丘陵，

"正当化你的偏见。
"回到你的感官。看清楚。
"观察什么是现实,什么是你的想法。"

但什么是现实?我们知道吗?
现在我卡住了,非常确定。
僵局症状全出来了:
混乱、惊恐和抱怨
"你"无力决定,"它"不会流动。
我允诺变好,只是自我防御。
我想要移动,但是深陷泥沼
抬不起脚,迈不开步。
谈了太多的节奏流动,
就让这个老师继续鼓吹,
理清晦暗不明的现象,
需要像光一样的视角,
澄清未知的一切。

关于游戏我们所知几何?
它的反面是什么?
舞台上的李尔王,没有统治权,
一旦离开莎士比亚的道具,那个纸皇冠。
没准儿他就是个游手好闲的醉汉,
身无分文,无家可归。
但是舞台上的王也是孤独的,
如果没有统治权和家的话。

进出垃圾桶

那么，到底什么是真实？什么是游戏？
去问皮兰德娄①和热奈②，
他们了解游戏和真实
之间的暧昧地带。
它可以属于这个，
也可以属于那个，
也可能两者都是。

因为戏剧具有两重目的：
成长和享受发生。
或者：成长的快乐
排斥因同一和内爆
而产生的停滞。
陈词滥调，不会改变的模式，
它们安全得就像死亡。
僵硬的道德，僵硬的生命，
在很多方面相像，
就如弗洛伊德所见。
弗洛伊德还发现了最伟大的东西：
思考是排练、演练。

但是我们是为了什么排练呢？

---

① 路伊吉·皮兰德娄（Luigi Pirandello，1867—1936），应指意大利先锋剧作家、小说家，荒诞喜剧创始人。——译注
② 让·热奈（Jean Genet，1910—1986），法国先锋诗人、小说家、剧作家。——译注

戏剧，演出？什么表演？
没有排练我们就要冒险。
我们是自发的，
冲动的，
随时行动，没有留心
真实的，或想象的
危险。

没有排练我们就一头撞进，
冷热不知的境地。
完全不计后果！
英雄一般地
盲目，无视生存。
但是大多数人不是这样。
惧怕风险，我们需要确保
无论如何都不能打扰
九点到四点①的安全惯例，
保险，账单，僵化的关系。
我们已经为社会角色排练，
通过学校的学习和学位，
矫正行为以获得成功。
小心翼翼顺着梯子向上爬，
我们制造了地球上最大的噪声，
滥用权力，实现施虐愿望，

---

① 指工作时间。——译注

进出垃圾桶

抓取本不需要的金钱。

犹如胃溃疡促进食欲,
假笑取代真实的笑声。
超越友谊的连接施加
行为约束,又徒劳拽回
我们沉湎于礼拜天教堂和纽约新年计划的灵魂。
事情还有另外一面:
好孩子可能是一个可恶的熊孩子,
整洁的人可能具有强迫症;
弱者正准备暗中放冷枪,
助人者转眼成了强盗。
年轻时的梦想化为噩梦,
令人糟心不已。
我们做了什么?出自所有天才承诺的
邪恶游戏想要达成什么?
我理所当然认为那个精子,
那个赢得了百万竞赛的精子,
可能不被选中。
卵子可能会选择自己的伴侣。
(机械原则不适用于生命。)
生命是对需要的觉察,
对自体支持的觉察。每个细胞选择、
吸收血浆中的营养。
利用营养物质形成
胆汁、荷尔蒙或者思想。

它①具有心智,知道自己的任务。
它具有社会良心。
它自己的生存反过来服务于
整个有机体。

自私的癌症细胞不是这样,
它掠夺其他细胞
确保自己的存活,像个
微生物版罪犯。
比起我们傲慢的计算结果所认为的,
细胞知道得更多。
觉察-感觉(我们遗失了)
仍然健全,如果我们允许的话。
那么卵子可能不会接受
最雄心勃勃的追求者。

婚姻因之完美了。
单细胞开始分裂,激增。
潜在的人,自体实现成胚胎,
接受支持——是的,全部支持——当然
来自妈妈的子宫。
食物、温度、氧气、
建筑材料都在那里
构建由基因绘画的蓝图。

---

① 这里指前文的细胞,下文两处同。——译注

它游动着，听着，四处踢打着，
拓展生存空间，活化自己的肌肉。

痛苦的降生，翻天覆地的变化，
失去了庇护所、温暖和氧气。
现在必须进行呼吸，
因为生命就是呼吸。
（心灵-呼吸的逻各斯就是心理。）
第一个自体支持需要出现了。
你想要活下去的话，就开始呼吸，
（"蓝婴症"是这种僵局，
之后会以模式重复多次）因为死亡
会到来，如果你不冒险
进行呼吸自体支持的话。

费劲地哭喊出来，因为哭是呼吸，
以战胜你的僵局。
成长继续着。更多自体-
支持，更多自体-支持，再更多自体-支持，
替代外部帮助。
外部支持渐渐减少。
你学习走路，不再被抱着，
你与声音游戏，然后是词语，
沟通，表达自己。
如果没有人喂，你会洗劫冰箱，
你选择朋友，如果爱消退了。

你为自己赚面包，形成自己的思想，
在同伴中获得一席之地。
现在你长大了，
回应存在，
不拖累其他人。
不是一个要求
外部资源支持的神经症患者。
我说的神经症患者是指，
任何使用自己的潜能
操纵其他人，
而不是自己成长的人。
他控制，痴迷于权力，
调动朋友和亲友到
那些他自己无力
使用自己的资源的地方。
他如此行事皆因无法忍受
那些与成长相伴随的
跌宕起伏和沮丧挫折。
同时：冒险太有风险了，
简直让人害怕得不敢想。
他觉得没有帮助他就完了。
于是他把你拉进来，利用你，
不管你是否同意。
操纵别人这项艺术，
他早已纯熟。
他扮演某些角色，精心挑选

那些对他的专制言听计从的人。
他形成了性格,密不透风,
让人相信他的真诚,
只有经验丰富、看惯把戏的人
才能看穿那不过是虚假。

我们的患者会玩什么游戏?
他们在构想什么样的角色?

最常见的是依赖的游戏:
"没有你我活不下去,亲爱的。
"你这么伟大,这么有智慧,这么好。
"你收点费就能解决我的问题,
"或者更好,喜欢我。"
"可怜的我"的游戏善于
极其有效地
融化一颗似乎退缩、
残忍并善于拒绝的心;
启动你轻易流淌的眼泪,
我亲爱的骗人的宝贝,
直哭到妆容模糊,
花容失色。

敲诈信是另外一种游戏:
"我恨你,我要自杀。
"我会重新考虑,但是你将

"声名狼藉。"

移情真是个可爱的名字,
这游戏能一直玩下去。
"我把你当成我的父亲,医生,
"你和蔼可亲,有智慧。
"他已经做过的和没有做的!
"他应该做的和不应该做的!
"我躺在你可爱的沙发上,
"几年,几十年,几个世纪之久,
"(如果我可以活这么久!)
"避免触碰和遇见你,
"我们两个都在不受扰动地
"玩符号、洞察和禁忌游戏。"
我现在真觉得好玩儿,
尤其是当我写出这个反击精神分析的小短文时。
毕竟,弗洛伊德,
我把生命中最好的七年奉献给了你。

我现在感觉躁动不安。以韵文书写让我感觉到兴奋。特别是最后一节感觉达到了高潮。还有很多角色和游戏可以描述。埃弗·肖斯特罗姆(Ev Shostrom)的《操纵的人》(*Man the Manipulator*)和艾瑞克·伯恩(Eric Berne)的《人间游戏》(*Games People Play*)对这个主题进行了广泛的书写。

当然,过去,身为一个德国年轻人,我写过一些诗歌。自从1934年我开始说英文起,我和诗歌的联系变得寥寥无几。所以如今我兴奋不已，把玩节奏，找到适合的节奏或者不笨拙的词句，同时又能表达一些对我自己有意义，希望也对你有意义的东西。

不要推动河，它自会流动。

我现在累了。希望我们很快再见面，然后聊一聊僵局……

俄国人把僵局叫作"病灶点"（sick point），别人是这样告诉我的。他们说在神经症的中心有一个不能被治疗的核。然而，这个核周围的能量可以被重新组织，进行有效的社交工作。

美国精神科没有明确承认和接受病灶点的说法，尽管事实是，进行长期心理治疗的一百多种学派，没有哪种能完全治愈神经症。

通常是患者在改善，改善，还是改善，但是本质上他还是在维持现状。也可能神经症是病态社会的症状。也可能是，对大多数治疗师来讲，做咨询是他们的症状而不是一项职业：也就是说，他们外化了自己的困境，并且在自己以外的其他人身上而不是自己身上进行治疗。

的确，我们很多人在其他人而不是自己的眼睛里看到瑕疵。"如果你眼睛里有苍蝇，你就看不到自己眼睛里的苍蝇。"（Catch 22①)

可能是神经症被错误地当成医学问题，也就是将神经症看成一种疾病，而不是看到疾病常常不过是神经症：假装生病是不安全的人操纵世界的很多方法之一。这点常常被表述为"逃进疾病"，的确诈病和神经性疾病之间的距离也非常小。作为一名军

---

① 即《第二十二条军规》，美国当代小说家约瑟夫·海勒（Joseph Heller）的黑色幽默小说。——译注

队的精神科医生，我有大把的机会研究这点，尤其是当缺乏信心而要求抚恤金这一来自环境的支持的时候。

我把神经症看成未达到成熟的症状。这意味着从医学视角到教育视角的转变，也包括一种行为科学的重新定位。

劳伦斯·库比（Lawrence Kubie）呼吁建立一种新的学科，既不是医学的也非心理学的，而是整合医学、心理学、哲学、教育学，这是个正确的方向。

如果有一天我成为一个"牛人"（Holy Cow），人们会把我说的话当回事儿，我一定会能尽我所能地提倡这样的学科，大力宣传格式塔社群，格式塔社群是一种生产真实的人的有效手段。

基于我自己的工作坊经验，我确信在这样的地方，在拥有足够指导的情况下，参与者在几个月内就可以发现他们的潜能，尽可能自体实现，意识到终身成长，并且修通阻碍所有实现自己机会的僵局。

僵局会以不同的方式呈现，但是在任何情况下都基于一种对于观察到的现实的幻想性（基于幻想）歪曲。神经症患者没能力看到显而易见的东西。他已经丢失了自己的感觉。健康的人信任他的感觉而不是他的观念和偏见。

在安徒生的《国王的新衣》里，大人都被催眠了，但是孩子没被妄想蒙骗。在那个孩子眼中国王就是赤身裸体。

　　成年人愠怒地皱紧眉头：
　　"你可别这么莽撞。
　　"国王的衣服华美极了。
　　"你，傻傻的，看不到罢了。"

进出垃圾桶

　　　　孩子愣住了,世界崩塌了。
　　　　"我怎么能信任我的感觉?
　　　　"如果我看见,他们就不爱我了!
　　　　"我需要他们的爱而不是真相。
　　　　"这实在难以消化,但是我
　　　　"吸取教训去适应。"

　　　　也可能是另外一种结果。
　　　　(谁知道故事的法则?)
　　　　如果我让这个孩子大喊:
　　　　"国王,国王没穿衣服!"
　　　　既没有皱眉也没有责备、
　　　　压抑孩子的抗议,
　　　　那么他可以摘下他们傻子的面具,
　　　　他们曾忍受着欺骗。
　　　　哦,我的堕落的国王真丢人,
　　　　自我欺骗,作弊的骗子!!!

　　我发现节奏的起伏是不够的。需要有一些语义运动,与句子有节奏地呼应。有时候我感觉我已经做到这点了。

　　　　一首诗应如歌一般
　　　　在山谷间自由流淌,
　　　　像中国气功一样舒张。

　　下一行句子不肯出现。我就是我的作品。我不想花时间去排练和遣词造句。我不想纠结于形式，让它大过内容。我不想因为承认雄心而陷入僵局。

> 压力和紧张都不能干涉
> 我专心写作的时刻，
> 批评家若想多舌，
> 语气不屑而苛刻，
> 我会转身给他厉害，
> 告诉他我正手痒，
> 证明我，也很会
> 行冷嘲热讽之能事。

弗里茨：（挑衅地）那又怎么样！我就是在对抗我自己，玩弄押韵-适合的游戏。

> 觉察是终极目的，
> 它自成宇宙。
> 目前我们具有它们中的两个
> 独立存在的维度：
> "空间"囊括了所有的"哪里"；
> "时间"回答了"何时"。
> 闵可夫斯基-爱因斯坦让它们合二为一，
> 作为过程，总是具有一些
> 延展性和持续性。

> 现在增添了觉察，

我们有了第三个维度,
定义物质并声明:
"接受一种新的延展:
"这个过程就是自体觉察。"
不像煤炭,反射光线,
而是色彩斑斓的琥珀,
发散着自体支持的光芒,
进行燃烧与熄灭的转变。

因此物质透过我的眼睛被看到,
获得了神一样的含义。
你和我,我和汝,
超越了非生命的物质;
我们参与,并存在于
纯粹的佛性里。

三位一体的神是终极存在,
他是宇宙万物的
创造力量。
是世界的第一动因,
他纵贯古今以至永恒,
他横跨东西以至无垠;
他是全能的,因此觉察
有待知晓的一切。

因此,物质,也是无限的,

是无限空间中的一片。
时间被称作永恒——
如果我们不用钟表
所限定的单位切割它,
测量它的一段的话。

当贝克莱-怀特海提出
物质具有觉察时,
我们确信就是如此,
甚至着手证明。
我们可以操纵老鼠,
令其学习走迷宫。
现在可以给他的小老鼠展示
一项对啮齿类动物非常有用的技巧——
也就是让它们能走个迷宫,
年轻有为的行为系学生啊。

然后碾碎它的大脑,随机
喂养给它的同类,
以此给它们物质形式的知识。
它不需要尝试所有的选项,
进行试错。
条件化是如此无聊。
(无非就是奖励和试错。)

一棵树会生长,

进出垃圾桶

根须向周围伸展,
朝向有营养的肥料。
挖出那个诱人的食物,
然后换个地方再埋起来。
然后你会看到根打了个弯儿。
改变了前进的方向!

我们无法透彻地解释,
如果仅把它叫作"机制"。
那么敏感的趋向性,
活跃地感知自己的需求,
似乎是合理的解释。

所以我们继承了很多技能,
从我们不能追溯的祖先那里。
物质-心理一体,
才是真的有机体。

一个分子具有
更微小、微小的
百十亿的量子。
这个水平的觉察,
目前还无法测量。

哺乳动物有一个特殊的位点,
觉察力就定位在这个点上:

大脑，此处多种神经元
沟通交流，产生觉察。
觉察就是体验——
体验就是觉察。

没有觉察的话，一无所有，
甚至不知道一无所有。
一个事物和另一个事物
没有相遇的机会，
感知的感官没有机会
获得对象来感知。
主体与客体
无法交融。

觉察是主体性的。
"什么性"（whatness）是客体。
世间所有媒介，
光线、声音、思想和触觉
基于共同基础，
我宣布，它叫作
媒介中的媒介，
不是别的，正是觉察。
它区分眼睛和耳朵，
识别身体感觉、触觉，
辨别芬芳和腐臭。

无所不在的神,
是镜映的觉察力。
体验作为现象,
总是出现于**此时**,
这**于我是**法则。
一个呈现当下的当下,
一种真正描绘现实的确定。

现实无非就是,
你此时此地体验的
全部觉察的总和。
由此科学的终极目标出现了,
正如胡塞尔的现象学
和埃伦费尔德的发现:
最不可化约的现象,
觉察,他命名的、
我们仍然在用的
格式塔(GESTALT)。

哲学化是一种累赘,
叫人不敢否认。
如果你已经浏览了所有
我武断提出的
前面一节的内容,
那么你要弄清楚
那些模糊的、不贴切的东西

在出现缺口之处，而不完整的
概念化过程需要查漏补缺。
因为我有偏见，像你一样，
带着不完备的视角。
只是隐隐希冀我能够
创造一种核心观点，
它将持续拥抱，
各方面、各学科，
心理、身体、医学，
并逐渐成长。
哲学，
但愿它囊括
人类
以及万物。

如其所示，
这个理论，
无关其他，只有觉察，
已被证明有效。
还说不上"乱作一团"，
当我发表这个概念的时候，
正是一九四二年。

但是更多的团体形成，
名号五花八门，
又是T团体，又是会心团体，

进出垃圾桶

> 还有感官觉察团体。
> 小型实验室和各色标签,
> 意在训练
> 刷啦嘀嗒嗒①,敏感性,敏感性。
> (T听起来像发动机引擎——它的音调盖过了严肃的讨论。)
>
> 这些不算虚假,它们甚有意义,
> 不全是拾人牙慧,但是片段化。
> 这样东拼西凑的东西,
> 让人没法批评它们,
> 要想成长并完整,
> 缺少一些重要的步骤,
> 为了达到治疗目标:
> 为体验找到核心。
>
> 没有核心你会绝望,
> 不知是否真实过。
> 我们这个时代空洞的人,
> 那些塑料机器人、活死人
> 发明了成千上万种
> 自我破坏的方式。
>
> 没有核心,我们迷失自我,

---

① 原文是"Tralaritata"。这是皮尔斯自己造出的拟声词,后文多次出现类似的词语。——译注

我们人云亦云，不知何为立场。
是的：浑浑噩噩，失去平衡、优雅。
是的：迷迷糊糊，僵化刻板。
老生常谈又自我欺骗，
这是一九六〇年
现代人的画像。

他没有核心，已经死了，
一具木僵的躯壳。
他需要兴奋、奢侈品，
不管是哪个阶级，
社会地位高还是低，
都在消耗自己的存在。
银行家沉迷于酒精，
嬉皮士与大麻为伴，
这让他们癫狂兴奋并忘记，
拥有健康的核心，
兴奋已强烈到足以
保持活力
（保持活力）
以及创造力
（以及创造力）
以及真实
（以及真实）
以及接触
（以及接触）

以及一切的

充分觉察。

写最后两节的时候，真是才思枯竭。河水断流了。我甚至不得不回头，并刻意地"工作"，尽管最后我通过两个和物质-觉察力有关的例子获得乐趣。说到抨击行为主义，我自己也是个行为主义者，不过是在另外一种意义上。

我更相信再条件化（reconditioning）而不是条件化，更相信通过发现而不是训练和重复进行学习。

我一辈子痛恨机械训练、过分纪律化和依靠记忆进行学习。我总是相信"啊哈"的体验，新认识产生的震动。

现在散文诗之河不流动了。我在书桌前坐着，而不是让我排练的句子自发流动，它们正在我脑海里盘旋；"说什么呢？""怎么说呢？"换句话说，我又卡住了——我不知道向谁表达，我已经失去焦点，太多的想法，完成我呈现的结构和取向所需要的一切，汇聚成团，涌进来。

我有一堆没有完成的手稿。每当我卡住而无法继续的时候，我的理论就出现一个缺口，我就放弃写书的打算。

但是现在我相信我可以完成它。我相信这对我们的时代而言是一个适当的理论。

我视弗洛伊德为精神科的爱迪生，从描述性转向动力和因果关系，他也是普罗米修斯和路西法（Lucifer），是携带火种的人。

在弗洛伊德时期，上帝是世界的掌控者，把自己的神力幻化成自然的力量：热能、重力和电。弗洛伊德自己被时代的转型期塑造：生本能（Eros），爱的力量；死本能（Thanatos），相反的破坏力量。对物理方面的兴趣开始超过对精神的兴趣，犹如马克思主义哲学的唯物辩证法取代了黑格尔的唯心辩证法。

在我们的时代，一些事情已经发生了翻天覆地的变化，不亚于上帝借摩西显现神迹——电子时代到来了。原子——化学里的基本单位，成了所有能量的港湾。因果关系的概念，即关于"为什么"的问题坍塌了，为探索过程和结构也就是"如何"腾出空间。

科学兴趣从历史转向物质的行为，或者在我们的语境下转向"人类行为的过程和结构"。不是说弗洛伊德的发现过时了，而是他的哲学和技术过时了，需要认清是走到了岔路上，历史取向的岔路上。成千上万的分析师叫得再响，也还是错误的道路，不会让谬误变成正确。

通过理解有机体过程的本质和它遵循的格式塔动力法则，我完成了精神科历史上弗洛伊德之后的一步，这一步是效率非凡的一步。

第三步是什么样的，我们还说不准，但是我已经有了一些猜测。让我和你们分享对此我的想象。所有的理论和假设都是关于世界如何运作的一些想象模型。一旦它们被证实并被应用于物理现实，它们自己就成了假定的现实性格。因此"无意识"和"力比多"对弗洛伊德更现实，而"反射弧"和"刺激-反应"对行为主义者更现实。这些术语成了信仰。质疑它们的现实性相当于亵渎神明。我对"格式塔"一词的态度也类似。

现在，我对第三步的想象走到了缩头术①和洗脑（brainwashing）。骇人听闻，是不是？我们已经习惯了一种公式：洗脑等于宣传和教化，因此与真诚和自发的想法格格不入。但是且慢，

---

① 缩头术（headshrinking）是亚马逊雨林某些部落的一种习俗，将人头用特殊方式扭曲缩小，用以举行仪式或者治疗，后来（缩头者）"headshrinker"用以指代精神科医生。——译注

少安毋躁。清洗是清洁——洗去所有大脑储存的污渍。对于宣传者来说，这意味着清洗一块板子，并书写其他观点。对他来讲是驱除魔鬼，为堕落天使腾出空间。这不是弗洛伊德和我的意图。

再说回来，弗洛伊德迈出了第一步。意识到患者和现实失去接触，已经丧失了当下不带偏见地与世界联系的能力，意识到中间有些东西扰乱了和世界的关系，他把这个扰乱的东西称作"情结"。比如说，一个男人无法和自己的妻子同床是因为，关于妈妈的无意识幻想影响了他。

弗洛伊德梦想通过让俄狄浦斯情结意识化并"分析"它的方式洗脑，对他来说这主要意味着让患者与固化相关并被"遗忘"的记忆意识化。

简直难以置信，多疑的弗洛伊德竟然相信不牢靠的记忆。就我的体验而言，所有这些所谓的"神经症-制造的创伤"最终证明都是患者为了合理化自己的存在立场所做的专项发明。我把弗洛伊德叫作"情结"的东西称为顽固的病理性格式塔。一个人与世界失去接触的地方，就是一个无人区，一个"非军事区"（DMZ），充满区隔自体和他者性（otherness）的强大力量。自体和他者性，两边，都只和中间地带接触，彼此之间没有任何接触。

创造性相遇无用武之地。如果你戴着面具，你和面具里面接触。任何一个想要用眼神或手接触的人，都只能接触到面具。然后，交流，即人类关系的基础，变得不可能。

这个中间地带满是偏见、情结、灾难性预期、计算、完美主义、冲动，以及思考、思考、废话、废话、废话，思考、思考，废话、废话，思考；说，说，说，一天二十四小时不停。

你现在还反对洗脑吗？

我对这份手稿感到绝望。我有了一些点子，看到一幅挂毯，几乎完全织好了，但是还不够完成整个图案——总体格式塔。解释对于理解没有多大的帮助。我不能直接把它塞给你，你可能接受我提供的东西，但是这是否符合你的胃口？

当我用韵文写作的时候，我知道你享受在河流里游泳：我知道我会交流一些东西、一种情绪、一个冲击，甚至是一点词语的舞蹈。

我仍然被卡住，想要努力突破这个僵局。我真是太容易放弃、太随便了。但是强迫我自己做些什么违背我自己的天性，又不奏效。因此，困于斯库拉（Scylla）和卡律布狄斯（Charybdis）[①]之间，一边是恐惧、回避、战斗，一边是烦琐、耗竭和辛苦，你还能做什么呢？

如果我看不到显而易见的东西，也就是停滞，那么我就不是现象学家。如果我不能进入停滞的体验，并对从混乱的背景中浮现出图形没有信心的话，我就不是一个格式塔人。

对啦！浮现的主题。有机体自体控制和强权控制相对，真诚

---

① 希腊神话中的两个海妖。——译注

的控制和权威控制相对。格式塔形成的动力和多重刻意目标相对。生命主导和道德偏见的鞭笞相对，协调一致流动的有机体参与和应该主义的窠臼相对。我正回到人类分裂的话题：动物性与社会性，自发与刻意。

有机体具有什么样的内置自体控制；什么样的自体调节使得这个有机体、百万个细胞，能如此和谐地合作？到了机械的年代，关于有机体的二分法炉火纯青。一个人分裂成了身体和心灵。心灵具有独立的存在，是不会死的，并且可以通过重生进入并掌管其他的身体。生物学的知识告诉我们，生命是任何有机体的功能，这意味着我们把任何没有这种功能的客体看作死的，一个东西、一些理论的转变发生了。因此二分法没有被消除，而是转变成略有不同的东西，流行于科学家和门外汉中间，这也就是心理和身体的二分法。身体的功能由很多彼此间局部冲突的理论来解释：从投币老虎机式的条件反射弧（刺激-反射）到各种生物化学反应，再到一堆主管调节、维持和赋予生命目的神奇的元素。绝对的刺激-反应理论已经遭到库尔特·戈尔德施泰因的驳斥。化学层面是几个可能的解释之一，非常有趣而重要，但是目前为止还不足以解释本能理论。

本能理论一定有什么谬误，不然的话我们也不会有这么多的作者在"本能"的数量和重要性方面各执己见。

我又滑走了。我没有顺着我自己的思路和体验走，相反，我在行为上表现得似乎想要写另外一本教材，并好像要理清、重新组织并澄清某个问题。实际上我在1942年就写过本能。我最近的困惑是犹豫着要不要声明"无本能"理论的原创性，就好像这很重要似的。

我1942年写的书是《自我、饥饿与攻击》，一个非常笨拙的书名。那时期我打算学习打字。几天之后我就开始感觉无聊。所以我决定，和写目前这本书一样，随心所欲地写。大约两个月内就完成了整本书，没有经过很多编辑，很快就在南非的德班（Durban）出版。

1934年我不得已到了南非。希特勒来了，1933年我乘飞机到荷兰，所以我的精神分析师培训被迫中断。我当时的分析师是威廉·赖希（Wilhelm Reich），我的督导是奥托·费尼谢尔（Otto Fenichel）和卡伦·霍尼（Karen Horney）。我从费尼谢尔那里收获了困惑，从赖希那里收获了古怪，从霍尼那里收获了不使用术语地人性卷入。在荷兰的阿姆斯特丹，我接受了卡尔·兰道尔（Karl Landauer）的督导，有了更多的督导经验，他也是个难民，在德国法兰克福的时候是我妻子的分析师。他是一个特别温暖的人，尽自己最大可能让弗洛伊德体系更容易理解。至少他不会做我所看到的费尼谢尔和其他人做的事情：使用"潜在负向反移情""婴儿力比多升华"等字眼进行智力杂耍表演，这样的表演通常让我感觉到头晕目眩，我绝对不会重复这种方式。难怪费尼谢尔经常对我感到不耐烦。

你想象不到我们生活在阿姆斯特丹的不幸程度，和一年之后在南非约翰内斯堡的幸运程度之间的天差地别。

1933年4月，我越过德国与荷兰边境，随身携带着藏在打火机里面的100马克。在阿姆斯特丹我和一大帮难民挤在犹太社区提供的房子里。

我们简直是堆在一起，而不仅仅是挨在一起。气氛当然是非常压抑的。很多人有近亲留在德国。尽管驱逐令还没有全面实施，但是我们已经觉察到强烈的危险气息。像很多早期离开德国的难民一样，我们对战争和集中营的动静很敏感。

尽管罗拉和我们的第一个孩子已经与罗拉的父母找到了一个家，但是我不确定他们有多安全，因为我上了纳粹的黑名单。几个月之后他们也到了荷兰。我们找到了另外一个小的阁楼，在那里住了几个月，异常凄惨。

同时，我尽力在我们被救济的生活中苦中作乐，我至今仍然记得两个人。

其中一个是演员，一个蹩脚演员。他没有任何出奇的地方，除了一个厉害的技能。他能用屁演奏出一整首旋律。我非常赞赏他的能力，有次请他重复表演一下。然后他向我坦白，要表演的话前一天他需要吃大量的豆子或者甘蓝才行。

另外一个是一位已婚女士，特别让人捉摸不定，歇斯底里。有段时间内我是她两个情人中的一个。如果不是因为那是我人生中第一次变得真正迷信的经历，我不会提到她，在"mi-no-ga-me"咒语的魔力下，我当时真的相信超自然的东西。

我的蓑龟①是一件日本青铜器，大约十英尺长，形状介于蜥蜴和龙之间。在柏林时有人把它送给了我，就在希特勒掌权不久之前。他是个著名电影导演，为了向我表达谢意，他保证说它能带来好运。

这是可疑的，因为它并没有为他自己带来好运。

它当然没有为我带来好运。不久之后我就不得不逃离德国。荷兰的日子非常艰难，尤其是在我的家人搬过来之后，我们住在冰冷的小公寓里面，忍受着冰点下的天气。我们没有工作许可证。我们终于弄出来的珍贵家具，由一个敞篷的货车运送，到的

---

① 蓑龟（minogame）据传寿命有一万岁，浑身长满绿色水草，被视作祥瑞之兆，在日本经常被制成工艺品。——译注

时候已经被雨腐蚀得不像样子。我们卖家具、卖书的钱也没能用多久。罗拉流了一次产，随后陷入抑郁。此外，我前面提到的那个年轻女人开始惹麻烦。

然后我决定挑战下神明。我那时候确信这个襄龟会带来厄运。于是我把它送给了麻烦制造者，不知是出于巧合还是其他什么原因，她富有的老公把她赶了出去，不仅如此，她还摊上了其他的一堆麻烦。

同时，我们的情况完全不同了。就像一个诅咒被解除了。

欧内斯特·琼斯——弗洛伊德的朋友和传记作者，为被迫害的犹太分析师出了很多力。他为南非的约翰内斯堡招募训练分析师。我得到了这个职位。我没有要求任何保证。我不仅想要摆脱阿姆斯特丹绝望的状况，而且我预见到未来。我告诉我的朋友："有史以来最大规模的战争就要来了。你在欧洲难逃一劫。"

那时候，他们都觉得我疯了，但是之后他们都称赞我的先见之明。

另外一个障碍，移民需要的 200 英镑保证金，也很快奇迹般地被排除了。很快我们就获得了一项贷款，涵盖了保证金和旅行的费用。

最后一个障碍是语言。除了拉丁语、希腊语和法语外，我在学校还学习了一些英语。我喜爱法语而且非常流利，但是英语就没有这么好。现在我需要快速学习英语。我使用了一种四管齐下的方式：在去巴尔莫拉城堡路上的三周里，我阅读任何我能搞到的文章和有意思的故事，比如神话。我就读下去，不管细节，从上下文猜测发生了什么。我也通过朗氏词典自主学习教育法学习语法和词汇。我克服了我自己的尴尬，与船员和旅客进行对话。之后，我看起了电影，同一个画面反复观看。我从来没能甩掉我的德国口音,这让我尴尬了很长时间,但是我从来没有上过纠正口音的课程。后来,到了美国,我经常对美式英语和英式英语之间的口音差异感到困惑。就像人们在巴黎商店嚷嚷的:"英式发音,美式理解。"

我们在南非很受欢迎。我开办了私人诊所,建立了南非精神分析机构。在一年之内,我们就在富人区建了第一所包豪斯风格的房子,有网球场和游泳池,有一个保姆(我们有了第二个孩子)、一个管家和两个当地仆人。

在接下来的几年里,我得以沉湎于一些爱好:网球和乒乓球。我获得了飞行执照。我的朋友很喜欢和我一起坐飞机,尽管罗拉从来不信任我。我最大的乐趣是,独自一人驾驶飞机,关掉引擎,在巨大的安静和孤独中向下滑行。

我们还有一个大型室内溜冰场。我是多么热爱在冰上起舞啊!那大开大合的动作,以及优雅和平衡,任何东西都不能与之相媲美。我甚至在一次比赛中获得了奖牌。

远足到海边,在印度洋的温暖海浪中畅游,观看成群结队的野生动物,拍摄小型影片,导演戏剧(我向马克斯·赖因哈德[Max Reinhardt]学习过),尽可能从业余爱好中有所收获,拜访巫医,搞发明,学习演奏中提琴,收集珍贵邮票,发展几段令人满意的和不那么令人满意的婚外情,建立温暖而持续的友谊。

和我们之前的生活多么不同。我以前总是可以赚到足够的钱过活,也总是参与很多事情,但是从不像这样。这是一种对活动以及赚钱和花钱的外爆。罗拉总是说我是先知和流浪汉的混合体。过去的确如此,但是现在恐怕这两者都要失去。

我被精神分析严格的禁忌困住了:精确的50分钟一节,没有眼神和社交接触,也没有个人卷入(小心反移情!)。我被所有削平棱角、让人变成一个受尊重的公民的东西困住了：家庭、房子、仆人、赚超过我所需要的金钱。我被工作和玩乐的二分法困住了：周一到周五和周末。我靠着怨恨和反叛把自己拉出来，不变成我认识的大多数正统分析师，他们有着计算机一样的躯壳。

第一个转机发生在 1936 年，充满巨大期待和失望的一年。我原计划在捷克斯洛伐克举办的精神分析大会上发表一篇论文。我想靠驾驶飞机和发展弗洛伊德思想的论文让众人惊艳。

我本打算自己开飞机，飞越 4000 英里，横跨非洲：做第一个飞行员分析师。我找到了一架二手的小型双翼飞机（Gypsy Moth），每小时航行 100 英里。价格是 200 英镑，但是有人插了一杠子，出价比我高。所以这事儿就黄了，我只好坐船去。

我演讲的论文是关于"口唇阻抗"的，仍然采用弗洛伊德式术语书写。论文遭到了强烈的反对。定论是，"所有的阻抗都是肛门期的"，留我一个人愣在原地。我想要为精神分析理论做出贡献，但是我没有意识到，当时，那篇论文多么具有革命性，它会怎样地动摇大师的部分理论基础，甚至让其失效。

很多朋友因我和弗洛伊德进行论文争辩而批评我。"你有很多可以讲的；你的立场牢牢地扎根于现实。你持续攻击弗洛伊德是为了什么？别打扰他，管好你自己。"

我做不到无动于衷。弗洛伊德，他的理论、他的影响对我太重要了。我的崇敬、迷茫和怨恨都非常强烈。我深深地被他的痛苦和勇气所感动。我深深地敬畏他，敬佩他一个人独自执业，使用不完备的心理工具即联想心理学和机械取向哲学，却取得这么大成就。我深深地庆幸因为站起来反对他而取得的成就。

有时候你碰到的一些话，会令你战栗着赞同，像智慧之光一般照亮无知的夜空。青少年时我有过一次这样的"高峰"体验。

席勒（Schiller），歌德的一个被低估的朋友和同时代人，他写道：

> Und so lange nicht Philosophy
> Die Welt zusammen haelt，
> Erhaelt Sie das Getriebe
> Durch Hunger und durch Liebe.

（倘若有天哲学统治世界，必由饥饿和爱所调控。）

弗洛伊德之后用同样的态度写道："我们的生存由自身内部的力量驱动。"但是此后，为了保留自己的力比多取向系统，他犯下了无法原谅的错误。他认为新生儿的口唇能量还未分化为力比多，它的功能是摄取食物。实际上，他发展出了第二种功能，并且采取了一种与马克思相反的立场。马克思将食物视为人类的主要驱力；弗洛伊德把力比多带入前景。这不是二选一的问题，两个都是对的。个体要存活，觅食是重要的功能，而对于种族的生存来说，性是重要的。但是如果偏爱其中一个，岂非虚假？如果没有个体的生计，一个物种能否存活？如果没有父母的性，个体能否存在？

这些都是非常明显的道理。讲这些我甚至觉得难为情。如果不是为了说明马克思主义和弗洛伊德哲学的隐含前提，那么我不会讲这些。

威廉·赖希曾经尝试结合二者。他犯了个错误，即让这两种世界观在高度抽象的水平上相关联，而不是在具体的水平上，结果是被拒绝并招来骂名。共产主义者因为他是分析师而拒绝他，分析师因为他是共产主义者而拒绝他。他没能统一二者并建立一个更宽广的基地，反而两边都不讨好。他在尝试结合两个系统的时候遇到麻烦，之后更是在结合自己的生计和性上惹上麻烦。说起来就是，他因为违反一些基本的语义法则——柯日布斯基（Korzybski）原理——而遭受惩罚。

上位狗：不要再讲赖希了。继续你的设想，紧跟你的主题——口唇阻抗。

下位狗：闭嘴。几分钟之前我就告诉过你了，这是我的书、我的自白、我的沉思，我澄清暧昧不清的需要。

上位狗：等着瞧！你的读者会把你看成一个絮絮叨叨的老头。

下位狗：好，我们现在回到我的自体和我的意象。任何读者想要窥视，都受到欢迎，甚至被邀请偷看。而且，人们已经不止一次地督促我写回忆录。

上位狗：弗里茨，你开始防御了。

下位狗：你浪费了我和读者太多的时间。安静坐下，老实待会儿，你就等一等。让我做我自己，停止你喋喋不休的吠叫。

上位狗：好吧，但是你稍微一惦记我的时候我就要回来，你需要接受大脑的指导："计算机，拜托，指导我。"

> 此刻我不想思考，
> 我想继续沉浸。
> 一片记忆飘过，我看见，
> 自大的图形凸起，
> 我回到性和食物，
> 好丰富你的知识，
> 现在我感觉到升起的情绪，
> 因一位老师而产生的悲伤。

要更好地理解我对赖希的感激，我们需要回到他之前的分析师，一个叫作哈尔尼克（Harnick）的匈牙利人。我希望我有办法描述出他所谓的治疗怎样削弱了我，让我进入一种愚蠢状态，并且在道德上变得怯懦。也许这本不是一种治疗。它可能是，一个说教的分析师帮我为日后成为合格的分析师所做的准备。但是当时这些从来没有说清楚。仅有的说明就是："治疗师需要从情结、焦虑和内疚中解放出来。"后来我听到传言，说他在一个心理机构里死去。分析对我的帮助有多大，我说不出来。

他相信被动式分析。这个自相矛盾的词的意思是，我每周五次，持续十八个月在他的沙发上干躺着，没有任何分析。在德国人们用握手问候，他在我到来的时候和离开的时候都不和我握手。离咨询结束还有五分钟的时候，他会用他的脚擦擦地板，暗示我专属的时间即将结束。

他每周最多说一句话。早期他说过的话中有一句是，在他看来我似乎是个有女人缘的男人。自从那时候开始，路径就被设定。我用各种浪荡多情的故事填满空荡的沙发日子，以建立一种符合他对我的印象的卡萨诺瓦①意象。为了跟上脚步我不得不参与越来越多的冒险，这些冒险大多数是虚假的。一年之后我想要离开他。我在道德上太怯懦了，不敢立即提出来。与克拉拉·哈佩尔（Clara Happel）的分析失败之后，我成为分析师的机会在哪里呢？

那个时候洛尔②在催婚。我知道我不是结婚的料。我没有狂

---

① 卡萨诺瓦（Casanova）是一位极富传奇色彩的意大利冒险家、作家、"追寻女色的风流才子"。——译注
② 洛尔（Lore）是罗拉在去美国之前的德文原名，后文"Lore"统一翻译为"罗拉"。——译注

热地爱上她，但是我们有很多共同兴趣，经常相处愉快。当我和哈尔尼克谈起的时候，他摆出了经典的精神分析套路："在分析期间你不许做出重要决定。如果你结婚了，我就结束和你的分析。"因为太胆小，太害怕由于我自己的责任而中断沙发生活，我把责任放到他身上，用婚姻交换了精神分析。

但是我当时没准备放弃精神分析。我总是被那个固化的观念俘获，认为是我自己太蠢或者太糊涂，我打算自己收拾烂摊子。我带着绝望去咨询了卡伦·霍尼，她是少有的我真正信任的人之一。她的建议是："我能想到的能够降服你的唯一分析师人选是威廉·赖希。"于是我开始了在威廉·赖希沙发上的朝圣。

的确，接下来一年的故事是完全不同的。赖希是充满活力、活跃、反叛的。他热切地讨论任何情况，尤其是与性和政治相关的话题，同时当然也在分析和玩通常的基因溯源游戏。但是和他在一起的时候事实的重要性开始减退。对于态度的兴趣更多地进入前景。他的书《性格分析》是重大贡献。

在他的研讨会上我遇到了一些可爱的人，之后证明这些人都是很好的治疗师，比如赫尔穆特·凯泽（Helmuth Kaiser）。然后希特勒开始了攻击。赖希也不得不匆匆离开。他去了挪威。自从那之后他似乎变得十分奇怪。除了读到了一本我一位南非学生，西尔维亚·比尔曼（Sylvia Beerman）翻译的赖希著作之外，我失去了和他的联系，直到1936年才在精神分析大会上看到他。他是第三个失望来源。他和我们分开坐，几乎认不出我来了。他长时间坐在那里，发着呆，忧心忡忡。

我再一次和他失去联系，直到十年之后，当我来到美国时短暂地拜访过他。那次我真的吓到了，他肿胀得像一只巨大的牛蛙，他面部的湿疹变得更严重了。他声音傲慢地冲向我，用难以

51

置信的口吻问道："你竟然没听过我的发现，生命力（orgone）？"所以我就问了他。我获得了如下答案：

他的第一个发现——肌肉铠甲，是超越弗洛伊德的重要一步。它把阻抗的抽象概念变通俗了。阻抗变成了整个有机体的功能，肛门阻抗，紧张的臀部，需要放弃对阻抗的垄断。

从沙发向前迈出的另一步是，治疗师现在会真的接触患者。"身体"获得了自己的权利。

后来，我和一些曾经由赖希派咨询师治疗过的患者工作，我经常发现一些偏执的症状，尽管不是很严重，也很容易处理。之后我又回顾了一下铠甲理论，我意识到铠甲这个思想本身就是偏执的一种形式。它假定了一种来自环境的攻击，以及针对环境进行的防御。肌肉铠甲实际上具有外套的功能，一个防止来自内部的爆炸的警卫。肌肉被认为具有一种内爆的功能。

我对铠甲理论的第二个反对之处在于，它增强了亚里士多德-弗洛伊德式的净化（defection）理论："情绪是一种麻烦。为了排除这些对有机体平静的扰乱者（情绪），需要宣泄。"

自然不会这么大费周章地创造出没用的情绪。如果没有情绪，我们就不过是死气沉沉、无聊、不会动容的机器罢了。

第三个反对之处是，这些突破外化、否弃、投射了本可以被同化并成为自体的一部分的材料。它们促进了偏执特质的形成。换句话说，从这些突破中所产生的材料仍然被体验成异己的身体。被改变的也就是局部，错过了成长和变得更完整的机会。

然而，和迈向整体的巨大步伐相比，我的这些反对不算什么。

生命力的发明就不是这样了，赖希发明的幻想那个时候已经幻灭了。

我可以理解发生了什么。从阻抗发展出可用现实证实的概念后，他需要使用同样的方法对待弗洛伊德的主要术语——力比多。

阻抗的确存在，这是毫无疑问的，但是力比多是个假设的能量，弗洛伊德发明出来以解释他关于人的模型。赖希催眠了自己和他的患者，相信生命力的存在，认为生命力是物理化和可视化的力比多。

我和很多生命力-盒子的拥有者一起做了一些研究，总是会发现同一种荒谬的思维：一种可被引向任何方向的暗示性。赖希宁可死在监狱里面，也不放弃他固化的观点。维也纳学院（Vienna Institute）的骄傲的怪人结果是个天才，只不过让自己掩藏在"疯子科学家"身份下。

描述第四个失望，也就是我和弗洛伊德的会面，更加困难。不，这不是真的。我预期会更加困难，因为在我的展示阶段，我经常含糊不清，假装我对弗洛伊德的了解比我实际知道的多。事实是，除了S. 弗里德伦德尔（S. Friedlander）和K. 戈尔德施泰因，像爱因斯坦、荣格、阿德勒、扬·史末资（Jan Smuts）、玛琳·黛德丽（Marlene Dietrich）及弗洛伊德这样的名人，我都是偶然遇见过。都是因缘际会，大多数时候没有任何收获，只不过是为吹嘘并借此抬高我在观众心中的重要性提供了材料——光环经常遮蔽了视野和判断。

我曾经和爱因斯坦一起待了一个下午：他毫不矫揉造作，很温暖，做了一些错误的政治预测。我很快失去了我的自体意识，那个时候对我来说这是个不寻常的待遇。我仍然喜欢引用他的一句话："有两种东西是无限的，宇宙和人类的愚蠢，而我还不确定宇宙是否真的无限。"

我和西格蒙德·弗洛伊德的会面，相比之下，成了1936年的第四号失望。

我以前去过维也纳。1927年我在克拉拉·哈佩尔的建议下去了维也纳。我和她在法兰克福做了一年分析。一天，令人意外的是，她提出，我的分析结束了，我需要去维也纳做控制个案工作。

我很开心，但是满腹怀疑。我没有感觉到完成，但是恰巧我当时钱花光了，所以我不能确认我的结论。

那年我遇到了罗拉。显然，在大学里面，在她和其他一些女孩看来，我似乎是适婚单身汉。那是逃离威胁性婚姻章鱼的触角的时期。那时我从来没有觉得罗拉是追随我去任何地方的人。

维也纳，我梦中的城市——或者我们要说，噩梦的城市？

我身无分文地到了维也纳；我没有资源，赚得也有限。当我有钱的时候，我喜欢花掉，当我没钱的时候，我可以几乎无中生有。我很感激地说，克拉拉·哈佩尔没有治好我的吉卜赛式的野性。我在埃森街（Eisengasse）租了一间装修不太精致的房间，只是因为两个原因就快速放弃了。

像很多故事传说的那样，其中一个是，床上有只死蟑螂，其实这倒不困扰我。但是一大帮亲戚过来表达他们的同情！不，不，不。

再加上，我房东发话说：

"十点以后不许有女客来访。"

"为什么只到十点？"

"呃，十点之前有些事情可能会发生。而十点之后一定会发生！"

对这种理由你无计可施。弗洛伊德对此有个说法：浆糊逻辑。

我发现维也纳真的非常沉闷。

在柏林我有很多朋友和兴奋的时刻。我们傻傻地以为无需战争就可以建立一个新世界。在法兰克福我感觉到一种归属感——

不是严密的，更像是流苏一样的——那时候有一个存在主义和格式塔团体中心。和哈佩尔的精神分析更像是一种"必须"、一种固化的想法、一种强迫性的常规，获得一些——但不是太多——体验。

在维也纳，精神分析对我来说是核心。我轻易、随便地爱上了培训中的一位年轻漂亮的医生。她像所有的弗洛伊德式团体的成员一样，被一些禁忌困扰。似乎维也纳所有伪善的天主教徒都冒犯了"犹太科学"的实践者。

对我来讲，要写出维也纳的这一年很困难。之前，我可以在研讨会的间歇，丝毫不费力地写出十五页纸。最终我对写作充满激情，似乎"它"掌握了我。我看到自己好几次写到"核心"（center）这个词——我不知道，我是应该写作"center"，还是应该写作"centre"呢？两个似乎都有道理。目前为止，上周的写作似乎构成了我的核心，兴奋从电影和制造磁带转到了自我表达。写韵文的兴奋也消失了。哈！不确定，不完全是。一个有意思的矛盾：我对诗歌的蔑视消失了。我体验到伊萨兰（Esalen），这个我们和我的研讨会（我有一个为期四周持续进行的工作坊）所在的地方，如此美丽而富有诗意。对我目前的自传，我没有这种感觉。上周我给接待处的女孩子们写了首诗，我不觉得这是诗意的事情。时不时地，在我的幻想中，一首关于死亡（death）和死亡过程（dying）的诗正在成形。这绝对是值得赋诗的主题。然而，我为那些女孩（她们总是被游客没完没了的问题淹没）写诗句，是出于好玩儿。我们甚至把这些句子用在拉里·布思（Larry Booth）正在为"弗里茨"拍摄的影片中。此外，我很开心地听到了这样的反馈：发音清晰，语感良好；没有很重的柏林口音。

你想听听这首诗吗？

"当然！"[1]

好吧，既然你非要听，那我也乐意效劳。

《魔鬼的游戏》

有个像伊甸园的地方，
你可以在各种
如少女的乐趣间徜徉，
沐浴、阳光和智慧团体，
此地正是伊萨兰。

一个魔鬼赶来祷告：
"我也要如此作乐。
"写一些可爱的折磨剧本
"来增加我的乐趣。

"我问愚蠢的问题，
"让你立马尴尬，
"如果你把它当回事儿，
"不太有保留地回答。"

一个天使操着银铃般的声音：
"噢，上帝呀，请别盛怒哪，

---

[1] 此处是作者的两个部分在对话，或者在替想象中的读者做回答。——译注

"魔鬼他真的是好意呀!

"他不过……是好奇吧。"

我希望你和我一样喜欢这首诗。

好吧,这种炫耀没有帮助。我仍然不愿意回到1927年的维也纳。什么令我这么害怕维也纳?有任何令我难以启齿的东西吗?过去十年间我多次到访维也纳。我享受那里的歌剧、剧场、咖啡店和食物。

迷雾渐散。尽管她们的名声在外,但是 *die Wiener Mäderln*,即维也纳的少女对我没有吸引力。我在维也纳从来没有艳遇。在极端的中产阶级清教徒和妓女之间没有什么中间地带。我在柏林和法兰克福所熟悉的进入性关系的那份自由和轻松不见了。

我在精神医院获得了一个助教的位置,当时因治疗疟疾和脑梅毒而闻名的瓦格纳-尧雷格(Wagner-Jauregg)和保罗·席尔德(Paul Schilder)是我的老板。席尔德聪明且对有机体的结构/功能/关系具有独到见解。我在听他演讲的时候感觉不舒服。他的假高音和别扭的动作让我如坐针毡。然而他有一些可爱和诚实的地方。另外一个给我留下印象的精神分析师是保罗·费德恩(Paul Federn),尤其是他在一次讲座中说的一句话。想象一个非常有身份的男权人物说:"Man kann gar nicht genug vogeln."("再多性交也不够。")这是发生在心智强暴通常得到重视的氛围里。

之后我在纽约遇到他,当时我们就自我(ego)的本质进行了很多的探讨。他把自我看作现实;我的观点是"我"(I)仅仅是一种象征性认同。现在我还不想讨论这是什么意思。

我的督导是海伦妮·多伊奇(Helene Deutsch)和希尔施曼

(Hirschman)，后者是一个温暖、随和的人。有次我问他对不同的弗洛伊德流派的看法，他的回答是："都很赚钱。"

海伦妮·多伊奇则不同，令我觉得美丽且高冷。一次我送了她一个礼物，得到的不是"谢谢"，而是一通诠释。

大师[①]就在那里，在背景中的某个地方。要想见他似乎是太冒昧了。我还没有赢得这样的资格。

1936年时，我以为我已经有了资格。我不是他创立的机构之一的主力吗？我不是跨越了4000英里赶来参加他的会议吗？（一提到**他的**会议我就牙碜。）

我预约了，接待我的是个年长女性（我想是他姐姐），然后是等待。门开了大约2.5英尺，然后他就在我眼前。奇怪的是他不离开门框，但是在那时，我对他的恐惧一无所知。

"我从南非来给您过目我的论文，想拜访您。"

"好，你什么时候回去？"他问。我不记得对话剩下的部分（大约有四分钟）。我受到冲击且大失所望。

他的一个儿子带我去用晚餐。我们点了我最爱的料理——烤鹅。

我期待一次急性"受伤"反应，但我仅仅是麻木。然后慢慢地，慢慢地，心底冒出一句话："我会给你点颜色看看——你不能这么对我。这是我和库尔特·戈尔德施泰因讨论之后获得的对自己的忠诚。"

即便在最近几年，我的心智更加平衡之后，这仍然是我生命中四个主要未完成事件之一。这四个未完成事件包括：我不能很好地掌握音律，尽管我比以前擅长了；我从来没有跳过伞；我从

[①] 此处应该是指弗洛伊德。——译注

来没有自由潜泳过（尽管我在蒙特雷［Monterey］发现一所学校，我可能仍然有机会学习）；最后，也是很重要的，和弗洛伊德有一次人与人之间的相遇，并且指出他犯下的错误。

这个巨大的需要是最近和一个受训者工作时突然出现的，当时我在做一种小丑的工作。那次工作和上百个其他工作一样，被拍摄成视频，有些被转录成16毫米胶片电影。

我和弗洛伊德学派的决裂发生在几年后，但是阴魂一直不散。

安息吧，弗洛伊德，你这个顽固的圣人与魔鬼般的天才。

这就是1936年发生的我的四个失意故事。

1936年那次欧洲之旅不是全然令人失望的，也不是每个人都针对我，但是只有为数不多的人和我交往。比如，和欧内斯特·琼斯的交往令我感觉到被认可，他赞助我去了南非。他甚至似乎对我关于焦虑的一些讨论和言论表现出热情。

大会结束之后，我们花了几天时间在匈牙利爬山。他在一次国际象棋比赛中说："你怎么能这么耐心？"我拥抱了这句赞美，收入我挺得不太直的胸膛。

我不记得我是如何回到约翰内斯堡的。可能是坐船吧，因为在世界这个偏僻的角落航线还没有建立起来。我的自尊受到重创，同时我也感到自由。在我的两极——无价值感和傲慢之间，有些类似自信中心的东西开始生长。不，不是这么回事儿。那份自信一直在那里，但是没有被承认。我知道我想要什么，只是大多数时候我都视之为理所当然。当一些鬼斧神工的神圣般的存在意外地让我觉得谦卑而渺小时，我感受到战栗。它可能是过往，也可能是弗洛伊德；一个伟大的演员的表演，或者一个鼓舞人心的想法；一个英雄般的行为、一个可敬的犯罪，或者一种我不理解的语言，令我肃然起敬。

离开的旅途中，乘客们——所有的陌生人，在一起待了三周的陌生人——让我成了一个体育宝贝。旅途的最后一天，他们唱了《友谊地久天长》（"Auld Lang Syne"）为我送行。我没做什么值得被如此对待的事情。我从内心深处被感动了，我跑进自己的隔间，哭得痛彻心扉。孤独的吉卜赛人在哀悼自己缺失的归属感？

看到这些写作对我的帮助让人动容。我曾经努力想让精神分析成为我的精神家园、我的宗教。那时候，我犹豫，不愿追随戈尔德施泰因的方法，倒不是出于对弗洛伊德的忠诚，而是出于我的恐惧，担心再一次失去心灵支持。

我们正见证组织化的美国宗教的解体。作为社区中心的教堂，作为精神领袖和 *Seelsorger*（灵魂照护者）的牧师，正在失去其重要性。一种迫切想要拯救上帝的意图正在路上。导致很多教派彼此强烈憎恨的差异正在消弭，人们在呼唤一种跨教派的理解。"全世界的牧师，联合起来！""反对尼采上帝已死言论的人们联合起来！"很多牧师开始更加依赖心理治疗而非祈祷。

当我还是个孩子的时候，我经历了犹太教的解体。我母亲的父母遵循正统的习俗。这是一个有着奇怪，经常又温暖而令人动容事件的家庭。我的父母，特别是我父亲，是"同化的"犹太人。这意味着，他在因自己的背景而感到羞愧和保持一些传统（在重大节日去教堂，没准儿能遇到上帝）之间妥协。我没法继续这样虚伪，干脆在很早以前就宣布我是无神论者。无论是科学还是自然，是哲学还是马克思主义，都不能填补精神家园的空虚。今天我知道了，我原本期待精神分析可以充当这个角色。

1936 年之后，我试着重新找到方向。对弗洛伊德系统日益增长且未表达的怀疑蔓延，湮没了我。我变成了一个多疑的人，近乎虚无主义者——一个否定一切的人。佛教——禅宗——一个没有上帝的宗教？的确，我那时以一种冰冷、理智的方式，接受大多数禅宗学说。

然后顿悟出现了：别再提任何形式的精神、道德、经济支持了！所有的宗教都是人造的简陋劳什子，所有的哲学都是人造的智性说辞游戏。我必须为我自己的存在承担全部责任。

我曾经画地为牢。在法兰克福被精神分析占据，所以当时一直没能和那里的存在主义学者交往，这些学者包括布伯（Buber）、蒂利希（Tillich）、舍勒（Scheler）。以下观点已经深入人心：存在主义哲学要求一个人为自己的存在负责。但是哪一个存在主义流派掌握了绝对真理？

带着怀疑，我继续向前探索，于是现在站在了这里。尽管存在所有这些反概念和支持现象学的观念，但是存在主义哲学自己也不能自圆其说。我甚至没有说典型的美国存在主义学者，他们违背了存在，胡说一通，行尸走肉一般地游走，变成了概念化的计算机。不，我说的不是那些基本的存在主义学者。有人不需要外部的特别是概念的支持吗？

如果没有新教主义（Protestantism），那么蒂利希是谁；没有了哈希德派（Chassidism），布伯是谁；没有天主教，马塞尔（Marcel）又是谁？你能想象萨特没有共产主义思想的支持，海德格尔没有语言的支持，或者宾斯万格（Binswanger）没有精神分析的支持吗？

那么是否不存在这种可能性，即此在（Dasein）——我们存在的事实和方式——不需要解释即可被理解，呈现自身；一种无须通过任何概念歪曲看世界的方式，而且是我们可以理解的概念化的歪曲；一种我们不满足于对整体图形进行抽象的视角——比如身体的各方面仅仅被当作身体而已？

确实如此！相当奇怪，它来自从来没有被当作一种哲学的方向。它来自在我们的大学彻底被隐藏的学科；它来自一种叫作格式塔心理学的取向。

格式塔！我如何能够确信它不是另外一个人造的概念？我如何说清格式塔不仅是心理学的，而且是一种自然的内在本质？

在诸神或者是各种能量说盛行的时代，如果有人提出所有能量都用不可再分的最小粒子——也就是原子——来研究，那么他将成为全世界的笑料。今天原子能是能量的来源已经是常识。原子弹已经成为一个现实。

我非常理解你可能不赞同一切都是觉察这一理论，但是我不能接受你对于格式塔思想的犹豫，我接下来会耐心描述它的几个重要方面。

但是首先进行里程识别：1926年，法兰克福——库尔特·戈尔德施泰因、克拉拉·哈佩尔、罗拉，还有格尔布（Gelb）教授，他是格式塔心理学家，是韦特海默（Wertheimer）和科勒（Köhler）的学生。

我在把玩数字"6"。

1896　我的父母从犹太区搬到了柏林市中心，一个更时髦的地方。我对之前的日子没有什么记忆。

1906　受戒礼，青少年危机期。我是一个坏孩子，给我父母惹了不少麻烦。

1916　我加入了德国军队。

1926　法兰克福。

1936　精神分析大会。

1946　移民到美国。

1956　迈阿密，佛罗里达。和马蒂（Marty）交往，她是我生命中最重要的女人。

1966　格式塔治疗版图建立。我最终发现了一个社群，一个如我所是的地方：伊萨兰。

我在法兰克福的要人名单中加上了另外一个名字。格尔布教授——我已经忘记了他的教名。当然，我可以给罗拉打一个电话问问，罗拉曾经在写博士论文的时候和他有过来往。不对，不是这样——我现在联系不到她。她在坦帕（Tampa）带领工作坊，可能和美国心理治疗师协会的人在一起。

格尔布是一个相当平淡的人，却是一个好老师。他因和戈尔德施泰因一起做脑损伤研究而出名，尤其是施耐德（Schneider）的个案。他们的发现是，大脑损伤不仅意味着一定的官能损伤，而且意味整体人格的改变。退行和去分化（de-differentiation）会发生。更重要的是，一个人失去了思考和理解抽象词汇及语言的能力。他获得了儿童式单纯。比如，他不会说谎。你让他重复这个句子："雪是黑色的。"他不会这样说，世界上没有什么可以强迫他这样说。他会固执地坚持回答："雪是白色的。"

我和格式塔心理学家的关系很奇怪。我很欣赏他们的工作，尤其是库尔特·勒温（Kurt Lewin）的早期工作。当他们成为逻辑实证主义者的时候，我就不能跟随了。我没有读过他们的任何教材，只读过勒温、韦特海默和科勒的一些论文。对我来讲最重要的是未完成情境的思想，也就是未完成格式塔。当然学术性格式塔学者从来没有接纳我。我当然不是一个纯粹的格式塔学者。

我的最主要的幻想是，他们是寻找金矿和完全验证的炼金术士，而我满足于使用滚到路边的材料，这些材料给人的印象不那么深，但更有用。

一个格式塔是一种不可化约的现象。它是一种本质，这种本质会随着整体被分解成部分而消失。

刚刚发生了很有意思的事情。我正演练着如何用水分子——H_2O 和它的组成，H 和 O 原子——解释格式塔原则，但是我意识到格式塔学者的公式可能不正确。他们说整体大于部分之和。换句话说，仅仅是因为布局不同，世界就会增加一些东西。这样会摧毁我们关于宇宙的能量守恒图景。有些东西从无（*nothing*）中被创造，这个想法甚至会超越上帝的创造力量。因为书中写了上帝用"tohu wawohu"①，从混沌中创造了世界。那么我们是否允许格式塔学者给予格式塔形成更大的力量，比我们的祖先给予上帝的还多？

在我们允许这点发生前，让我们再看一看，即便这仅仅是我的幻想，让我们再尝试另外一个解释。我既不是一个化学家也不是一个物理学家，所以我可能说得不切题。$2H+O=H_2O$ 作为公式，它是正确的，作为现实，它是错误的。如果你尝试把两种气体即氧气和氢气混合起来，那么什么都不会发生。如果你升高温度，它们就会爆炸，失去它们的原子态，形成分子形式的格式塔 H_2O，或者水。在这个例子里，格式塔从动态上讲少于部分之和，也就是减去了它产生的热量。同样，为了分离原子，拆散格式塔，你需要增加电能，让原子独立存在。我们可以从中得出几个结论。没有原子的支持，一旦它们放弃内在热能，这些原子

---

① 希伯来语《圣经》中描绘的上帝创造光之前的世界基态。——译注

便失去独立性而形成一种联盟。这个整合、联盟，可能不是一种能量特征，而是一种弱点。

格式塔学家可能不同意："看这个发动机引擎。整体大于部分之和。即便你有多余的部分——多余的火花塞和活塞等——和引擎相比，它们也无足轻重。"我不同意。我接受发动机是一个格式塔，我接受没有组合的部分是另外一个格式塔——也许是商品、垃圾，或者潜在的引擎——这取决于它们出现的背景和当时的情境。这显然不是一个强格式塔，除非这些零件被堆放在客厅中间。

格式塔学家对我们的理解有一个最有趣的贡献：格式塔分化为图形和背景。这个贡献和语义学或者说意义的意义相关。

通常，当我们思考意义时，有两种相对的观点——客观和主观。客观说的是一个东西或者词语具有一种或者几种可被定义确定的意义——否则的话字典就没有销路了。

另外一个，即主观的观点，则如《爱丽丝梦游仙境》般不可思议，持这种观点的人说："一个词的意义我想它是什么就是什么。"两个观点都站不住脚。意义不存在。意义是创造性过程，一种此时此地的成就。这种创造行为可能是习惯性的，发生得太过迅速，以至我们不能追踪到它，或者它需要几个小时的讨论。在任何情况下，意义都是通过与图形发生关联创造出来的，前景从与之相对的背景中形成图形。背景经常被称作上下文、连接或者情境。把一个陈述从它的上下文中摘出来很容易导致谬误。在《自我、饥饿与攻击》这本书里我对此进行了广泛的书写。如果没有对图形/背景关系清晰的理解，就不会有清晰的沟通。就仿佛你收听一个节目，它的信号（比如，词语）被一个很大的背景噪声（无变化的）覆盖了。

也许，格式塔最有趣、最迷人的特点在于它的动力性——一种强格式塔要闭合的需要。每天我们都多次体验到这种动力。不完整的格式塔最合适的称呼是未完成情境。

我想让弗洛伊德的谬误变得非常清晰，并把这个谬误和学术性及我个人的格式塔取向进行比较，厘清一些表面的相似性。在这个背景下，我想指出，弗洛伊德（以及其他）本能理论在治疗上没有希望。

弗洛伊德观察到他的一些患者展现出了一种一遍遍重复体验模式的需要。比如，有的在成功的时刻自我破坏。他把这种态度命名为"强迫性重复"。这个观察的确是准确的，用词恰当。重复性的噩梦和熟悉的格式塔很容易在很多神经症患者身上追踪到。可疑的是，我们是否应该把这种需要——不论是阴雨还是阳光，悲伤还是快乐，烦乱还是冷静，每周五天在同一时间，都去同一个地方见同一个分析师，坐在同一张沙发上——包含进这个目录（强迫性重复）。

弗洛伊德最终提出他的理论——生命是厄洛斯（Eros）和塔纳托斯（Thanatos）之间的冲突。因为我们每个人都参与生命，根据这种理论，他参与了塔纳托斯，即死本能。这也就意味着我们每个人都有强迫性重复。

这似乎只是一个推测，比较牵强。

一个人是如何从强迫性重复转到死亡本能的？（菠菜如何上了屋顶？奶牛不能飞！）一个简单的手腕，德国人！你看，这就是重复——这种重复已经变成了习惯。一种会剥夺你选择的自由的习惯。它让你的生活呆板。呆板就是死亡。瞧！简单，对吧？现在看好了：这种死亡也可以是一种生命。如果你把呆板转向外面，它就是一种攻击，这是非常具有活力的。我感觉像是一个熊孩子，不过是一个可以看穿国王裸体的孩子。

谬误在哪里呢？在于假设所有的习惯都是呆板的。习惯是整合的格式塔，这样的话，原则上它是自然的经济装置。就像罗拉曾经向我指出的那样，"好的"习惯为生命提供支持。

如果你学习打字，你就需要在一开始定位确认每个字母的位置，然后把你的手指放到那个键上面，并且用一定的力度按下字母键。你的定位和对键盘的操作，会从陌生到熟悉，从一种开放的发现和再发现到确定——也就是说，成为知识。需要的时间和注意力越来越少，直到这个技能自动化，成为自体的一部分，清空前景为"思考"留出空间，因此思考不会被寻找字母键扰乱。换句话说，"好的"习惯是成长过程的一部分，是一种潜在技能的实现。

的确，一个习惯一旦形成——一个格式塔一旦建立——它就存在于那里，成为有机体的一部分。改变习惯涉及把这个习惯重新从背景中拉出来并投入能量（就像我们在 H_2O 的例子中看到的那样），来拆解或者重新组织习惯。

弗洛伊德没有识别出病理性强迫性重复和有机体习惯形成之间的区别，因而错失了重点。

强迫性重复不能清空前景并被同化。相反，它仍然不断地占据注意力并制造压力，只是因为格式塔没有闭合，因为情境还没有完成，伤口还没有愈合。

强迫性重复不是死亡导向的，而是生导向的。它是一种企图通过不断重复来处理困难情境的尝试。这些重复是朝向格式塔完成的投入，以便解放一个人成长和发展的能量。未完成情境阻碍着工作，它们是成熟路上的绊脚石。

未完成情境最简单的一个例子是疾病。疾病可能通过治疗、死亡或者有机体转变解决。

疾病，一种生命的扭曲，会因为治疗或死亡而消失是显而易见的。而且一种疾病，特别是伴随着疼痛的疾病，会成为一种重要的慢性图形，不愿意退入背景中，仍然很少被同化，不能从前景永远消失。这通常会随着有机体的转变而改变。

如果一个人没有完全眼盲，他会投入很多努力保留或者提升仅存的视力。这仍然是一种未完成的情境。他被占据，被先前的经验占据。

一旦他百分之百盲了，大多数时候情况就会戏剧性地改变。他已经克服了希望的错觉。他在同伴眼中是个有缺陷的人，但是他自己变成了一个不同的有机体，生活在另外一种 *Umwelt*（环境）中，依赖于一种不同的定向方式。他现在是一个没有眼睛的有机体，就和我们是两条腿而非十条腿的有机体一个道理。他感觉到满意的机会大大增加，比如海伦·凯勒，她有好几种残疾。

如果我们没有施加控制，如果有机体没有被命令控制，那么我们如何运作？这百万个细胞的合作是如何实现的？它们如何能够解决自己的生计和其他紧迫的生命需要？如果我们连心理/身体的二分法也拒绝的话，那么是什么神奇的力量让我们运转？

我们是否有一个内在的发号施令的决策者、一个协会、一个执行的政府？是否存在无意识、情绪或者计算的大脑，在工作着？是否有一个上帝、一个渗透到身体的灵魂，掌管身体所有的要求，还具有无穷的智慧？

我们不知道！我们只能制造幻觉、地图、模型、工作假设，然后在每一时刻核对它们的准确性和可靠性。如果我们知道了，会有什么好处？

哪怕只有一个例外，任何理论也都不是确凿的。如果我们作弊并隐藏证据，那么我们不是科学家，而是操纵者、催眠师、江湖骗子，或者夸大我们的重要性的吹嘘者。

走出无知的迷雾，是否存在任何可靠、完整、应用性的基石，建立人类及其功能的统一理论？

有一些，还不太多。但是已经足够为我们的特定目的提供可靠指导。

我已经把觉察当成我的取向的基础，意识到现象学是通向了解被了解之物的基础和必不可少的步骤。

没有觉察，一切都不存在。

没有觉察，一切都是空。

常人厌倦了空无。他感觉到空无有种不可思议的东西。对他们来说，关注这点并在哲学层面上使用它似乎是荒谬的。

有很多种存在：物件、生物、化学物质、宇宙、报纸等等，无可穷尽。我们显然不会把它们看成同一类。

我没看到不同类别的空无，我相信这是值得注意的，甚至要求我们有意识地谈论它们中的几类。我想拿《创世记》的故事来举例。

我们都知道，时间是无限的，没有开始也没有结束。我们已经学会了使用十亿量级来纪年。人类发现一开始就"一无所有"的观点是不可忍受的。所以他们发明了世界如何被创造的故事，这类故事在不同的文化中有不同版本，而且出于便利没有回答创始者如何被创造的问题。这些故事填充了我们可以称为不可思议的空的空无，或者是虚空。

如果在痛苦、压力或者绝望的境况下被体验到，那么有时候空无也有令人渴望的一面。"祝你平安"（Shalom），希伯来语的问候语，是和平，冲突不见了。涅槃中断了生活的麻烦。忘川河（Lethe）是模糊，挡住了不能容忍的东西。

有时候空无是损坏的结果，在精神分析里，是压抑：灭绝（annihilation）不想要的事情、人和记忆。

空无是西方的意义，也可以与东方空（no-thing-ness）的思想相对照。没有东西存在；任何事情都是一个过程；事物仅仅是永恒过程的一种暂时的形式。在前苏格拉底哲学家中，赫拉克利特也秉持类似的思想：Panta rei——一切都是流变，我们永远不可能两次踏入同一条河流。

我和空无的第一个哲学接触形式是没有（naught），以零（zero）的形式。我通过西格蒙德·弗里德伦德尔名为"创造性中立"（creative indifference）的概念发现了它。

在我的一生中我认可三个导师（gurus）。第一个是 S. 弗里德伦德尔，他自称属于新康德学派。我从他那里学到了平衡，相对两极的零点-中心的含义。第二个是塞利格（Selig），我们在伊萨兰学院的雕塑家和建筑师。我知道，如果他知道我写了他，他会愤怒的。这真的是对他隐私的侵犯。瞧这个人（Ecce homo）！这真是一个好人，一个完全不矫饰的人，谦卑，智慧，明理。作为一个城市人，我和自然的接触不多。我看到他与人、动物、植物的互动和对其的理解，他的不唐突的接触和信心与我的兴奋和自大形成对比，在这个人的面前我感觉渺小，最终我们有了相互的尊重和友谊——所有这些都帮助我战胜了我大多数的粗鄙和虚假。

我最后一个导师是米齐（Mitzie），一只漂亮的白色猫。她教会我动物的智慧。

我一生中有两次因为错失影像记录而大发雷霆。第一次是因为我的团体中的一些成员在恍惚和小型癫痫发作（petit mal）的状态下经历似曾相识（déjà vu）的体验。当时我们开着我的机器。我激动万分，因为可能这是现存记录这种症状的唯一视频。尽管我清楚地交代过，"不要洗带"，磁带还是被洗了并被再次使用。

第二件事和米齐有关。一天早晨我醒来，发现我 2.5 英尺的宽边帽跑到了我的床边。我捡起帽子看见了米齐，两只前爪搂着一只鸟。我很吃惊。几周前,我看到过客厅有鸟羽毛,证据确凿:米齐抓了只鸟,还吃了。我把鸟拿走了,她眼神悲伤。那只鸟一动不动,十分钟后恢复过来,飞走了。我怎么能说米齐没有情感呢?谁听说过一只猫搂着一只鸟?如果我不是太震惊的话,我本来可以拍张照片,那就可以炫耀这么罕见的情况了。

我知道我是如何得到米齐的,我记得我与塞利格最初会面时他温和又带批判的眼神,但是对于弗里德伦德尔的记忆真的像雾一样模糊。有一天我妈妈说起我曾经给她邮寄的食物包裹,我非常意外。我完全忘了。包裹是1922年发生的事儿。

德国马克的通货膨胀已经在有节奏地增加,尽管还没有很夸张。食物,特别是肉,非常稀有。我那时看事物的视角是种财富,就如我之后笃定集中营充满危险,而第二次世界大战将带来混乱,我也预见了通货膨胀。

为美国目前通货膨胀的危险忐忑不安令人莞尔一笑。通货膨胀!你不知道通货膨胀到底是什么意思!比如说如果钱的利率是4%,根据平衡法则据说钱每年都会流失4%的价值,那么这就是你的通货膨胀程度。

德国的通货膨胀是不是为了清除战争贷款而制造的,我不好说,但是我怀疑是这样。事实是美元对马克的汇率,从4马克兑换1美元,很快到20,然后是100、1000,最后是几千,然后飙升到几百万,最终到达了几十亿马克。马克的价值几乎接近于"零"。我收集过德国历史邮票,时间跨度从支离破碎的王国到帝国、第三帝国,再到西德/柏林/东德分裂时期。通货膨胀邮票涵盖了其中的一些时段。

纸币需要用麻袋来携带。人们冲进商店用早上赚到的钱购物,因为第二天早晨纸币就会贬值一半。按揭贷款还没有他们签字的那张纸值钱。

两个患者和我自己的警觉挽救了这种危机处境。其中一个患者是银行家。我对股票市场和其中的操纵一无所知。有一天他建议我买一种价格是我月薪一百倍的股票。我告诉他说他疯了,但是他笑着说:"相信我!我会承担风险。你现在买股票,四周之后得到回报。"所以我照着做了,一个月之后收获了投入的五倍。我又买了一次,然后就变得没有必要了。转机来自另外一个源头:一个患者是不莱梅港(Bremerhaven)的屠夫。

第一次世界大战开始之后不久,食物在德国开始日益短缺。不久"Ersatz"(替代)一词成了不详的词语。战争之后,特别是在通货膨胀期间,食物的状况根本没有任何改变。一个很可笑的插曲可能说明这点。

1919年我的朋友弗兰茨·约纳斯(Franz Jonas)和我去弗莱堡进行一学期的学习。一个天气晴好的日子我们去远足,希望能够从农民那里找些吃的。我们折腾了一整天,收获的就只有两个鸡蛋。在回去的路上我们有些迷糊和兴奋。他傻乎乎地拍到了我藏鸡蛋的口袋,因为觅食是被禁止的。一团糟代替了珍贵的早餐!在德国早餐能吃上煮鸡蛋几乎是一种身份象征。

自由解离(free dissociation)已经够了!让我们回到我的恩人——那个屠夫天使,他从不莱梅港的天空直接掉进我的咨询室——或者我们是否可以说食物储存室?他被头痛困扰,当然希望被治愈,就像很多神经症患者那样。不莱梅港离我火车车程八小时,他每周来一次,带着一大袋肉和香肠。我当时和我的父母及姐姐埃尔泽(Else)住在一起。我们从来没有这么好过,就如俗语说的那样。但是这还不是全部。几周之后他坚持说他感觉好些了,但是还没有痊愈,这些长途火车没给他的头带来一点好处。他有很多朋友想要向我咨询，在不莱梅港没有 Nervenarzt（一种神经-精神科医生）。"我没有兴趣，"我回答道，"被一个摇摇晃晃的火车厢折磨。"

"嗯，"他回答，"我们可以付你美元。"我的心一沉。这不可能是真的。这样的奇迹不存在。但的确是真的。

在通货膨胀飙升、居高不下的时期，美元意味着什么呢？就举一个例子，多了不讲。1923 年我打算去美国。我之前没有足够的钱把我的学士学位证书打印出来，而只有付了打印论文的费用才被允许打印学位证书。我本身对医学几乎没有兴趣，我论文的题目很傻，是关于肥胖性生殖无能综合征（Lipodystrophia adiposo-genitalis）或者类似的东西，这是一种罕见的疾病，得这个病的女性腰部以上有大量脂肪，而腰部以下非常纤瘦，看起来就像袋鼠。我对出版这篇论文不感兴趣。我去了卡斯特兰（Castellan），向一个学校的教务长提议，如果他能搞定打印的事情我就给他一美元。他的眼睛放着光；他不相信自己的耳朵。"足足一美元？"他张罗了这件事，在一周之内我就把东西打印出来，签了名，不费吹灰之力就让他深深地感激我。这就是美元在 1923 年的魔力。

那时候我是个有钱人。我攒了 500 美元，我本可以用这些钱在柏林买几间公寓。但是我用这些钱去了趟纽约。

不莱梅港具有纽约的郊区的名号。它是德国两大跨太平洋航线的港口之一，拥有像"不莱梅号"（Bremen）和"欧罗巴号"（Europa）这样的大型船只。船员的薪水都以美元支付。我有好几个月每周去不莱梅港待上两天，那时候大多数使用精神分析催眠，我获得了很多的乐趣。

大多数的德国大学生是一本正经的，戴着可敬的面具。我很确定他们对我这样的旅行是不屑的。我也对他们不屑。他们属于卡住的上中层阶级贵族。我和一些朋友属于柏林放荡不羁的阶级，是会去西部咖啡馆（Café of the West）混，然后又到浪漫咖啡馆（Romanische Café）的人。

很多哲学家、作家、画家、政治极端主义者，以及一些攀附追随的人会在那里见面。当然，人群中有一位弗里德伦德尔，尽管我们大多数时候是在画室见面。弗里德伦德尔撰写幽默小说赚钱，使用笔名"Mynona"，是佚名（anonym）的反写。他的哲学作品《创造性中立》对我具有重大影响。以我一贯的性格，他是第一个在他面前我感觉到谦卑、会向他颔首致敬的人。我长期以来的傲慢没有容身之地。

如果我想要理性化，试图理清弗里德伦德尔和他的哲学为什么吸引我，我就会体验到一种想法、感受和记忆的旋涡。"哲学"是一个神奇的词，一个为了理解自己和世界就需要理解的东西，是我的存在性困惑和茫然的解药。我总是可以处理诡辩。"一个针尖儿可以容纳多少个天使同时跳舞"这样的问题，是一个廉价的骗局，混淆了象征和实物。"先有哪个，鸡还是鸡蛋"不仅消除了连续过程的整体图形，而且漏掉了起始点，"哪只鸡，哪个蛋"，赖希就是这种混乱思维的典型受害者。

在学校里我们阅读古希腊文的索福克勒斯和柏拉图。我喜欢那位戏剧家，但是柏拉图，与很多哲学家一样，提出观点和理想的行为方式，但是自己一定不会践行。在我父亲身上我已经受够了这种虚伪，他鼓吹一套，做的却是另一套。

至于苏格拉底，他甚至比我还傲慢地说："你们认为自己知道些什么，都是傻子！但是我，苏格拉底，不是个傻子。我知道我不知道！这给了我权力，用问题折磨你们，并且让你们看，你们真是个傻子!"你可以给知识分子多少荣誉?

当前的心理学教学是生理学和四种心智（mind）的混合物，四种心智包括：归因（reason）、情绪、意志力和记忆。

我甚至不用提被制造出来代表真理（Truth，首字母大写）[1]的一百种不同的解释和目的。

在这种动荡的时刻，弗里德伦德尔带来了一种质朴的取向。任何东西，都会分化成相对的两极。你被相对的两极中的一极绊住了，或者至少倾向一极。如果你待在什么都没有的零点中心，你就获得了平衡和视角。

之后我意识到这相当于西方的老子思想。

创造性中立的取向对我来讲是清晰的。我对于《自我、饥饿与攻击》的第一章没有什么需要增添的。

噢，天哪，我卡住了！这是我唯一出现的句子。回到了陈腐的老一套狗屎！哎呀，弗里茨，为你感到丢人。一个小时以前做了一节沉重的咨询，过度治疗。最终获得了一些怨恨。黑蝙蝠离开了房间。到了它们的窝。它们在跳舞，变活跃了，再一次飞过小丘。

悲伤地坐在那里，对目光没有回应，睁开我自己悲伤的双眼，悲伤，疲倦，麻木。我花了几天的时间克服抑郁。这次我完全和它待在一起，抵抗着想要进入虚假的舒服的冲动。今天只花了二十分钟。我又恢复了。笔在纸上滑动。将近一点了。前两天晚上我几乎写到了三点钟左右。时间还早。听着一点钟的新闻。我们没有无线收音机或者电视接收器。只有衰落和静态的有线节目。晚间有一个经典音乐节目，叫作《美国有线》（"American

---

[1] 括号内容为原文所加。——译注

Airline"），还不错。我们这里也没有报纸。所以如果可能的话我就收听新闻节目。每周一次通过《新闻周刊》（*Newsweek*）跟进新闻。这周的兴奋事件：我们上了《生活》（*Life*）杂志。令人好笑的是，好像我们变得令人尊敬。我的坏名声可是堆成山！

> 别瞎说了弗里茨，停止这种排名，
> 停止胡说。
> 做一个作者，献出好东西。
> 诗歌有时是好的，沉思也一样，
> 是你自己的不安情绪，
> 你自己的兴高采烈。
> 坐下来并告诉我们如何
> 胜过灵魂，或者上帝
> 可以创造空无，
> 给我们理解。
> 把那张纸扔进垃圾桶，
> 和其他垃圾一起。
> 挑出一些样本，说明
> 为黑暗增添光明。

光明和黑暗——从抽象的角度看是不可调和的两极。当黑暗存在的时候，怎么可能有光存在呢，这正是空无的本质？彼此排斥。

现在看一看阳光下的那棵树。你看到影子了吗？有影子没有光，有光没有影子？不可能！在这个例子中，光明和黑暗决定了彼此，它们彼此包含。

一个露天电影院能够在白天放映画面吗？为了呈现前景图形，我们需要以黑暗为背景。为了便于说明，让我们举个黑白电影的例子。我们需要黑和白的对比。我们需要平衡对比。对比太强烈的话画面太硬，太少的话又太平淡。你们的电视机可以调节至最佳的平衡。再说一次，黑和白彼此定义。一个纯白或者纯黑的荧幕所包含的内容是零。内容也就是画面是黑点和白点组成的有意义的分化。

继续向前走，我们发现了伦勃朗（Rembrandt），他对于光和黑暗的并置是伟大的艺术成就。

零就是无，是空无。一个未分化的点，一个相对的两极诞生的点。一旦分化开始，未分化就自动是创造性的了。我们可以随机地选取任意一个点，从这个点开始归零。如果你决定于某年某月某日发射一颗导弹，你就开始以天、小时、分钟、秒钟，向零进行倒计时，接着以秒钟、分钟、小时和天正向计时。

财政平衡就是收入和支出加起来为零，不管你的数额是以分还是以百万计。

我们形成把零点叫作"正常"的习惯。然后我们会谈论正常温度、正常血细胞数目等等，没有止境。任何增加或者减少，都被称为异常，一种功能不良的迹象——疾病，如果增加或者减少的量很大的话。

在生物有机体的例子中，必须维持常态的零点，否则有机体会停止发挥功能——有机体将死亡。

每个细胞、每个器官、每个总体有机体都具有大量的正常功能需要维持。

每个细胞、每个器官、每个总体有机体都忙着清理任何过量（+）并补充任何缺乏（-），从而维持零点，也就是功能发挥最优的点。

每个细胞、每个器官、每个总体有机体都与自己的环境接触，在清除和补充。

每个细胞、每个器官、每个总体有机体都具有有机体内环境（体液、神经细胞等）。而总体有机体具有一个作为其环境的世界，有机体必须在其中维持自己微妙的有机体平衡。

任何对有机体平衡的扰乱都包含一个不完整的格式塔、一个未完成的情境，迫使有机体变得具有创造性，发现重建平衡的方式、方法。

任何的缺乏——钙、氨基酸、氧气、情感，重要性等——都会制造一种从某处获取这些东西的需要。我们不具有钙、氨基酸、氧气、情感、重要性等的专有"本能"，而是在一种特定平衡被打破的任何时刻，临时创造了上千种可能的"本能"。

任何的过量都制造一种临时的本能去消除它——二氧化碳、乳酸、精液、粪便、烦躁、怨恨、疲倦等——这样才能恢复有机体平衡。

每一次呼吸都补充氧气并排出二氧化碳。呼吸经常——片面地——等同于吸气。"吸一口气。"

我不想在有一半脏水的洗手池洗手。我不在脏水上面加上干净的水。我首先排掉脏水。

为了排掉"脏的"空气，首先要呼气！如果吸气变成了一种迷恋，你可能会得哮喘——大自然挤出使用过的空气的一种绝望的尝试。

我快速地"治愈"任何一个我遇到的心因性哮喘。在大多数情况下，在哮喘背后隐藏着一种窘迫，一种对伴随着高潮的狂乱喘气声的恐惧。一种背叛自慰的恐惧，期待在床上发现爱人是一种良好的修通情况。我让他们玩"做爱"的游戏。他们带着眩晕结束了呼吸僵局，然后获得了巨大的释放。

我在我的垃圾桶里面储存了众多所谓不可思议的疗愈。这里有一个我可以拿出来的突出例子。这些类型的疗愈都是一些小奇迹，就如你能看见一棵树而盲人看不到一样。仅仅是因为我的中间区域没有一般人那么拥挤，因为我可以看到显而易见的东西。我要用下面的例子作为不平衡的说明。

一位小提琴家来到我这里，在仅仅弹奏了十五分钟之后，他的左手抽筋了。他雄心勃勃地想要成为一个独奏手，当他在交响乐团里演奏的时候就不会抽筋。所有的神经检查结果都是阴性的。显然这是一个精神分析认为的身心症状的个案。

我见过很多例持续很长时间的精神分析个案。五到十年是非常普遍的。但是他绝对是极致。他已经做了二十七年分析，经历过六位咨询师。毋庸置疑，都是关于俄狄浦斯情结、自慰、露阴癖等，一遍又一遍地重复。

当他来找我，立即钻到沙发里的时候，我制止了他，让他把小提琴带来。

"干什么？"

"我想要看到你是如何制造出抽筋的。"

他带来了自己的小提琴，演奏地非常优美，站立着。我看到他从右腿获得支持，他的左腿与右脚交叉。十分钟之后他开始微微摇晃。摇晃不知不觉中增大，几分钟之后，他的手指慢下来了，很多音拉得不准了。他停下来："你看到了吗？变困难了。如果我强迫自己继续，我就会抽筋，就一点都演奏不了了。"

你在交响乐团里不会抽筋？

"从来没有过。"

你是坐着的？

"当然，但是如果独奏的话，我必须站着。"

好。现在让我按摩你的手。现在两脚分开站立，膝盖微微弯曲。现在再开始。

二十分钟完美的演奏之后，他的眼睛里出现了泪水。他结巴着："我不相信，我不相信。"

当时他的一小时结束了，但是我让下一位患者等了一会儿。这太重要了！我想要确保无误，就让他继续演奏了几分钟。

发生了什么？我们具有几个极性，如果没有恰当的平衡，就会制造分裂和冲突。最经常出现的就是右/左的二分法。不多见的是前/后或者上/下半身的分裂，这首先是由罗拉观察到的。腰部以上的部分具有核心的接触功能，以下的部分具有支持的功能。现在，坐着的时候我的患者具有足够的支持，但是站着的时候他主要用右腿，这不能为他的左手手指的运动提供足够的支持。一旦他的右腿因为疲倦而不能承担全部的重量时，他就开始摇摆，他每秒钟都需要重新获得平衡。这种不平衡是一种压力，影响上半身尤其是他的左手。我们仍然需要更多周的工作，不仅是让他与沙发生活断奶，而且要软化他的"严苛的决心"——收紧的下巴等。

我不知道他是否做到了。他弹奏得足够好，但是我从来没有在独奏明星的名单上发现他的名字。

那时候，我已经在纽约站稳脚跟，开始获得名声，成了别人口中愿意并且渴望治疗难治个案的人。

实际上，如果当时我继续留在美国的话，一段时间之后会如何很难说。

我遇到了一个小的僵局。我感觉到我在写来到美国，同时，我感觉不好。这种从一个环境到另外一个环境的穿梭像是一种花招,就像是一种技术。它甚至不是对等的风格即相互支持。但是那个时候,除了我自己,还有谁能够设立规则规定什么需要扔进垃圾桶,什么需要被保留呢?此外,我甚至没有写出那个时候到底是什么烦扰着我。

现在是凌晨三点十五分,我睡不着。这种情况非常罕见。通常我可以接触并且降低任何过量的兴奋。这种没有消解、不能驱散的、"我"(I)的觉察消退了,身体觉察减少,然后"什么都没有",一直到早晨。

拉里·布思制作了一部彩色电影,叫作《弗里茨》。这部电影是一首诗,是我的一个很令人兴奋的肖像,虽然在影片的治疗片段中,我的温暖和爱心没有从话语中传达出来。这也不困扰我。令人不开心的是,影片中表现出我的一些偏执态度,对此我表示怀疑并且感到恼火。这是非常罕见的。我感觉我被利用了。实际上,只要协议和经济情况合适,我就是公正的。但是我不能允许我自己慷慨,这显得我是个容易上当的人。我可以承担得起。我赚了不少钱。所以见鬼去吧!

我经历了佛兰德斯(Flanders)[①]的恐怖,我经历了很多次的隐私揭发,我挨过了荷兰的岁月,以及很多其他的麻烦——我仍然不能理性地看待这点。仍然是傲慢的自体概念:"你不能这样对我!"

我具有很多的偏执细胞,甚至在我犯错的情况下。这些细胞在我初次的LSD旅程后被显示和夸大了。在这些时刻,我失去了我的视角,体验到很多的复仇幻想。我知道是时候开始谈论心

---

① 西欧历史地名,位于比利时、法国、荷兰交界处。——译注

理迷幻药物（psychedelic drugs）和我与它们的关系了，但是我开始感觉到沉重和疲倦。我必须暂停。这一段书写会不会让我入睡呢？

今天在午餐桌上，我们讨论了学习。我提出学习就是发现。这和事实有关联。学习技巧就是发现有些东西是可能的。教学就是呈现有些东西是可能的。发现（discover）：揭开遮盖（uncover），拿走遮盖（cover），让事物或者技巧出现，增添一些"新的"东西。

一个已经失去了自己的核心——零点，正常性，创造性中立的点——的细胞或者有机体，发现这种不平衡，发现重新获得的途径。这个过程可能很简单，也可能非常复杂，它的前提假设是，至少每个有机体生命都具有觉察能力。比如说，水分的缺乏创造了一种暂时的叫作"渴"的水本能，然后发现了水资源，比如说一瓶啤酒，然后发现了打开瓶子的方式，然后发现喝消除了渴。如果用公式表达，就是这样的：有机体的状态是减去水分。通过吸收，加入水分，我们到达了零点，不平衡消失了。

有了这样的公式，与把灵魂、上帝或者"生命"当作有机体运作的施动者相比，我们取得了一点进步。我们已经有了一些运动；我们具有一个定义很好的有机体和环境的关系，并且已经介绍了一种基本的有机体功能——发现的必要性。

我现在感觉到一种防御的需要，不想被叫作行为主义者。某种程度上，这是真实的。我的兴趣在于调查物质如何，特别是人类如何，然后进行行动。我的态度和自称为行为主义者的心理学家大群体之间的差距是巨大的，就犹如繁华的都市和废弃的城镇之间的差异。

觉察是一种最隐秘的体验。我不能觉察到你的觉察，我只能间接地猜测。行为主义者观察人类和老鼠,"仿佛"它们没有觉察,"仿佛"它们是东西。结果,行为主义者变成了一个行为的工程师和条件化者——也就是控制者和操控者。

但即便是这样的人也承认发现的基本功能。如果没有对电击和食欲的觉察,就没有动物会发现"实验者到底希望我做出什么行为"。

使用涵盖全部抽象范畴并符合每个人的语言的术语对我来讲很重要。很可惜我们没有对于格式塔的共同术语——模式、旋律、构造这样的词语太具体了。我相信随着我们的继续,关于格式塔的想法会出现。我希望我的写作最终能够使人们提出一个好的解释形式。对格式塔的理解在旋律的例子里很简单。你把乐曲的调子从一个切换到另外一个,主题似乎仍然保持一致,尽管事实是你已经改变了每一个音符。如果你熟知一个旋律的话,有人发出前三个音符,你就已经自动地完成了整个旋律。

因此我们来到了格式塔形成的最基本的一个法则——来源于完成需要的紧张叫作挫折,而完成叫作满足(satisfaction)。Satis——足够;facere——去做:这样做直到你觉得足够了(就是满足)。换句话说,实现(fulfillment),去填充你自己直到你感觉满了。满足之下,不平衡消除了,消失了。事件已经闭合了。

正如在所有存在层面上都实现了平衡和发现,挫折、满足和完成也是如此。

我在思考延长的战争和因其产生的挫折与可能的完成——和平。

具体而言,我指的是参战的人关于完成的受挫,我在比较我自己在第一次世界大战和第二次世界大战中的处境——恐惧对比于舒服的防空掩蔽所。

当希特勒发动战争的时候,我在约翰内斯堡站稳了脚跟;是我们一起站稳了脚跟,因为罗拉自己也执业。我还没有和弗洛伊德正式分手。那是之后发生的。实际上,我可以具体地精确到分钟,我感觉到完全的自由,脱离这些意识形态束缚,开始反对弗洛伊德的系统的那一分钟。很多年以来,我倾向于反对过头;我缺乏对弗洛伊德及其发现的欣赏。

分裂发生于我认识玛丽·波拿巴(Maria Bonaparte)之后,她是希腊王妃,住在开普敦。她是弗洛伊德的朋友和门徒。我那时完成了《自我、饥饿与攻击》的手稿,并且油印了出来拿给她读。当她把手稿还回来的时候,她对我施行了我需要的电击疗法。她说:"如果你不再相信力比多理论,你最好递交辞呈。"我不太相信我的耳朵。基于一篇关于信仰的文章产生的科学取向?

她说得对,当然可以。力比多与性荷尔蒙具有一些模糊的联系,但是弗洛伊德像我一样苦于分类学,不得不为他的人类模型找到一种共同的分母。他把这个共同分母叫作力比多。细看之下,这个共同分母就像是纸牌游戏里的小丑。它可以代表很多东西,可以是性-冲动、情感、感官知觉、爱、格式塔形成、生命冲力。可怜的威廉·赖希,试图在身体现实中发现与这种语义组合对应的东西。

无论如何,我没有递交我的辞呈。我没有被扔出去;我和精神分析学院的关系还在,只是逐渐停止了。如果不是战争爆发的话,我可能已经选择确立立场了。

希特勒的非洲军团在南非自由移动。南非军队的一个师困在了托布鲁克(Tobruck)。我不知道该做什么。我的医学学位不适用。我想要加入医疗队,但是被赶回家,人们要求我进行卫生考试。如果通过了我就会获得一笔佣金。我和另外两个朋友学习了几个月，但是考试时他们通过了，我没有通过。

之后不久，一项认可战争期间外国人学历的法律通过了。所以我被收编为医学军官，参加了一个培训课程。我们被称为做苦工的人（chain gang）。我们真是有些滑稽。再次成为士兵，并且接受训练让人觉得很可笑。然后我们被派遣到了医院。

医院的生活非常中规中矩。我们到底喝了多少茶？我为此而震惊。我被前辈的"一杯好茶"叫醒。然后是早茶、十点钟茶、四点钟茶、晚餐茶，还有夜宵茶。

我们的指挥官保守，落伍，并想证明自己的效率。任何事情都必须手写三份文件并登记。一年后，我们摆脱了他。一个陆军上校接替了他的位置。他召集我们，说："先生们，你们都是军官和医生。我相信你们都是负责任的人，都知道自己在做什么。我建议你们使用电话而不是笔。"我们感觉到解脱，因为这个长官没有得繁文缛节虫病。顷刻之间患者数量就翻倍了。

我所在病房的护士长是一个来自加拿大的志愿者，一个漂亮、高挑的金发女郎。她很温暖，同时性冷淡。相当可靠，也是我这一生中见过的最有效率、最可靠的人之一。我非常尊敬她，所以从来没有挑逗过她。狐狸及其酸葡萄？也许。

当然，人们将患者们按照种族分开。黑人和白人的区分自从1946年的种族隔离之后加大了，但是难以相信这是在更加开明的扬·史末资的管理下，几乎没有平等的空气。白人被叫作欧洲人，黑人叫作土著。土著不被允许和欧洲人待在一个房间里，或者使用同一个厕所。他们使用单独的巴士，住在专门的居住区。

我在土著身上识别出两种基本形式的崩溃。一种属于城市化的土著，他们经常说英语或者阿非利堪斯语（Afrikaans），一种走样的荷兰语。这类人通常具有严重的焦虑性神经症。然而，从栅栏村庄（Kraal）或者采矿场招募来的原始的土著，具有精神分裂性神经症。我应对不了他们，即便通过翻译也不行。我让他们去看自己的巫医，通常回来之后他们就痊愈了。

欧洲人的神经症通常是可以被分类的，尽管这是一种过度简化。通常英国人具有性格性神经症，犹太人是歇斯底里症，布尔人①具有强迫性特征。

慢慢地，我的同事开始明白存在多少种身心疾病。国际医疗部的主任在开业的时候说："任何一种神经症背后都有胃溃疡。"最后，他说："弗里茨（美国式直呼第一名字的兄弟习俗不被接受，除非是关系非常亲近的朋友），你是对的：每一个胃溃疡背后都有一种神经症。"我很开心，我甚至原谅了他对我犯下的错误。

我的右脚趾曾经发炎。肿了起来，很疼。他诊断为痛风，我很愤怒。我和痛风，八竿子打不着！尽管他开了药，但是疼痛还是难以忍受。我坚持拍X光片。他们发现了一块骨折碎片，显然是上一次骨折残留的。一个小手术之后，我几天就好了。

我多次因为骑摩托车和其他运动导致小外伤，只有一次比较严重：一次在滑冰场重重地摔倒，导致脑震荡。幸运的是没有造成脑部骨折或者永久性脑损伤。

我的第一个认可发生在我做了一次所谓的奇迹治疗之后。一个士兵因为身上巨大的伤痕而痛苦。出于最后一线希望，他被送到了我这里。

一个精神科诊断永远不可能仅仅依据匮乏的神经学或者类似

---

① 布尔人（Boers）指的是17世纪末定居于南非的荷兰人及胡格诺派教徒。——译注

的发现而做出。必须有一些清晰的心理指标。这个士兵的眼睛里具有一种深深的绝望，而且有点茫然。当然，在部队里，我们没有时间耍弄精神分析或者任何其他形式的心理治疗。我给他用了喷妥撒（Pentothal），了解到他在集中营待过。我对他说德语，然后让他回到绝望的时刻，并且去除他哭泣的阻碍。他真的把心都哭出来了，或者我们是否可以说把皮肤都哭掉了。他在一种困惑的状态中醒来，然后他真的醒了，获得了典型的顿悟体验，完全并自由地存在于世界上。最终他把集中营抛在身后，来到了我们中间。身上的伤痕消失了。

像这样惊人的治疗，当然是少见的。通常是很多乏味的工作，如果我想要使用心理治疗的话。

砰！打断一下。进来，格雷特（Grete）拿来了土豆杏仁蛋白饼。格雷特，我的姐姐，通过给我最精致的甜点来显示她的爱。我吝啬于分享它们，但是我这样做了。

我告诉格雷特，最美妙的事情开始发生。我开始欣赏我自己——我的精巧、我的时机、我的清晰的视野。这和炫耀与吹嘘是多么不同。这和我对于欣赏的贪婪，以及它的平淡且短暂的滋养是多么不同。

今天早晨在餐桌上——不，是醒来之后——旋涡就又开始了。我就像在迷雾中搜寻。在我的幻想中，我文思泉涌。再一次，主题蜂拥而至，但是很多主题只有在结构得当和整合的情况下才能奏出协调的乐章。

我看到这些写作正在发展成一本书，而且可能是篇幅巨大的书。我从来没有意识到在我的垃圾桶里面有多少东西，以及有多少东西需要处置。我知道我的很多经历对很多读者来说是有价值的。我已经从借阅我部分手稿的朋友那里获得安心的反馈。

我获得的一个问句让我觉得尴尬和愤怒:"这本书什么时候出版?"

"你可不可以好心一点,别烦我,让我做我自己的事情!我很开心,我兴奋地渴望书写。做一些整合你的需要和我的需要的事情,我很开心。所以,不要推动河,它自会流动!"

如果事件和想法密集地涌入,没有幻想、预期或排练能够主导这股流。图形/背景形成决定了只有一个事件可以占据前景,主导整个情境。否则的话就会产生冲突和混乱。

图形/背景形成中最强的东西将会暂时性地接管对总体有机体的控制。这点是有机体自体调节的基本法则——如果背后没有携带能量的格式塔,任何特定的需要、本能、目的、目标、刻意的意图就都不会产生任何影响。

如果不止一个格式塔倾向于出现,统一的控制和行为就危险了。在我们口渴的例子中,不是口渴在寻找水,而是总体有机体在寻找水。是我在寻找水。口渴指引着我。

如果不止一个格式塔浮现,一种分裂、二分法,一种内部冲突可能发展出来,唤醒需要被投入的潜能,以完成未完成情境。

如果不止一个格式塔浮现,人类就会开始"决定",经常到决定去玩不能决断的自我折磨游戏的程度。

如果不止一个格式塔想要浮现,而且天性不被打扰的话,那么不会有决定,只有偏好。这个过程意味着秩序而不是冲突。

不存在"本能"的等级;只有最紧迫的格式塔浮现的等级。

在闭合之后这个格式塔会退入背景,为另外一个紧迫或紧急的格式塔清空前景。在一个格式塔获得满足之后,有机体可以应对下一个紧迫的挫折。总是有先来后到。当一个召唤、一封紧急的信件、一个账单,或者是一个研讨会需要我的注意时,目前的写作将会进入背景。它不会消失，也不会被忘记或者压抑。它仍然活跃在图形/背景交换中。

当我对本书的关注仍然占据前景的时候，我对桌边的闲聊或者美丽的风景就不会多加关注。

任何对前景/背景交换灵活性的干扰都会导致神经症或者精神病性现象。

前景和背景需要根据我存在的要求轻松地彼此交换。否则的话，我们会获得累积的未完成情境、固化想法、刻板的性格结构。

前景和背景必须容易交换。否则的话，我们在注意系统中将获得一种扰乱——困惑，失去联系，不能集中和参与。

有一次，我读到一篇关于医院员工的论文。我想要说得简单明了，好让医生也能明白格式塔形成的原则。我选择了一种常见的症状——失眠，描述失眠的意义是一种有机体试图处理比睡眠更重要的问题的尝试。第二天吉凶难测的面试、未实现的复仇、出其不意的怨恨、强烈的性冲动等都只是这些未完成情境的几个例子，它们干扰了我们从世界中后撤——我们叫作睡眠。

为了应对未完成情境，有机体必须产生更多的兴奋。过量兴奋和睡眠是不相容的。因此，如果你不能入睡，也没有把兴奋导向未完成的格式塔，那么你需要寻找另外的出口，变得为失眠而愤怒，或者为硬枕头或吠叫的狗而愤怒。你越是愤怒，就越是睡不着。闭上眼睛也压根儿不管用。闭上眼睛不会让你入睡，是睡眠让你闭上眼睛。

你可能也从现代精神科中获得灵丹妙药、镇静剂、针对我们生命活力兴奋的阻断剂，把你没有解决的问题塞到地毯下。

愿美国平庸的、充满补偿与暴力的、兴奋的生活方式长存。

或者我们应该为每一位公民都开出适当剂量的镇静剂，让他们在早餐时服用？

我住在伊萨兰学院的庭院中，像往常一样，我上床很晚，醒得很早，从窗户向外看。大苏尔的悬崖边，海浪不停歇地、源源不断地流入棕色的礁石。去年，通向我房间的小坡几乎是光秃秃的。现在，各种灌木已经覆盖了它。鲜花遍布，流光溢彩，等待被柯罗①或者雷诺阿②画出来。

海滩上没有沙子。礁石和岩石在那里等待着与海浪戏耍。海浪来了，一浪又一浪。温柔地低吟，然后跳跃舞蹈，相拥融合，消失于一片白茫茫之中。

其中一块岩石具有历史性意义。伊丽莎白·泰勒（Elizabeth Taylor）曾经坐在上面拍电影。我从来没有下去膜拜那块石头。有人告诉我——我不能保证真实性——为了拍摄那一幕，岩石被包上了泡沫橡胶并喷上颜色，让它更适合电影，更舒服，或者为了防止石头太凉。毕竟，电影明星的屁股可能是高额保险的财产。

附近嬉戏的海獭似乎不理会那块岩石的神圣性。我的房子在悬崖正上方，距离下方著名的硫黄温泉只有三百英尺，温泉确定了我们的位置。那里有大约二十到三十个温泉。温度在华氏一百三十度。硫黄的味道并不令人讨厌，水质非常柔软。浴室一直通向大海，晚上可见满天繁星如钻石镶空。此地多雾，冬季多雨，雨水丰沛。气温从来没有达到冰点以下，而且极少炎热天气。

这段旅行日志没有告诉我们关于浴室角色的任何信息。两边都有浴盆和跳台。有时，大约十六个人挤在一个跳台上。在浴盆

---

① 柯罗（Coro, 1796—1875），法国风景画家。——译注
② 雷诺阿（Renoir, 1841—1919），法国印象派画家。——译注

里面可以洗澡、打浴液。如果是在跳台做这件事情就会被嗤之以鼻。有时候人们会被按性别分开，有时候有混浴环节，通常都是在晚间研讨会之后。下午，有时候会心团体（encounter group）在那里会面；晚餐前，员工家属也会在那里。

我向我的非专业团体推荐这些混浴，但是对专业团体是要求，专业团体包括精神科医生、心理学家、牧师等。他们很多人来的时候是板儿直的，除了他们的专业角色，自体支持非常少，害怕堕落到我们凡人之间，经常不愿意赞成惠特克（Whittaker）的精彩发现，即"治疗师身上的患者成分"。（太多的治疗师仍然不愿意承认，或者甚至被提高到患者的地位。）他们总是——我不认为我看到过一两个例外——对不存在的恶心和劝诱感到失望，为没有期待中的对裸体的颤动感到吃惊。你可以看到很多东西，从非常放松的漂浮到热烈的拥抱，从团体合唱到研讨会的推陈出新。有时候他们感到无聊并自我审视，于是下降到讲笑话这样的低层次。他们触碰彼此，大多数是以按摩的形式。公开的性活动和暴力是非常少见的。

有一次出现了一个真正很下流的女孩，她玩弄两个男人，令他们对抗。其中一个，显然需要炫耀，讲话非常狂野，扬言要杀人，而且横冲直撞。当她来到我们的跳台时，我站起来，尽管我一把年纪了，我还是一拳打在她的鼻子上。令我吃惊的是，她就那么倒了，没有一点反抗，然后哭了起来。

我很少感觉害怕。一个好的精神科医生要敢于冒生命和名声的危险，如果他想要实现一些真正的东西的话。他需要采取一种立场。妥协和帮助不管用。有个人，一个顶级的治疗师，和我工作的最后爆发出了狂怒。她拎了一把很重的椅子，在我的上方盘旋，想要砸我。我冷静地说："继续，我已经活够了。"她从自己的恍惚状态中离开，清醒了。

有一次我被叫到一个团体里面，让我帮一个用肢体攻击团体中每个人的女孩冷静下来。团体成员试图拉住她，让她冷静。白费力气。她一次又一次地起来攻击人。当我进来的时候，她铆足了劲，头直接撞到我的肚子上，险些把我撞倒。然后我就让她这么做，直到我把她摔到地板上。起来后她又继续。然后是第三次。我又把她摔倒，并气喘吁吁地说道："我一生中打败了不止一个婊子。"然后她起来了，甩开胳膊抱着我："弗里茨，我爱你。"显然她最终获得了她一辈子在寻求的东西。

在美国有成千上万像她一样的女人。挑衅，挑逗，做作，激怒她们的丈夫，却从来没有被打。你不需要成为巴黎妓女才算尊重你的男人。一句波兰俗语说："我的丈夫已对我失去兴趣了，他再也不打我了。"

有一次，发生的事情真的吓到我了。很多患者"内转"了他们的攻击，并且把愤怒发泄到自己身上，比如说让自己窒息。我常常让他们反过来让我窒息。直到有一天一个女孩儿当真了。我当时没意识到她的分裂性人格。我已经开始失去意识了，在最后一刻我推开了她的两只胳膊，把她的两只手分开了。自从那开始我只让他们掐我的胳膊。有时候这样也很痛。世界上能绞死人的人真不少。对于幻想发达的患者，一个垫子就能解决。

我个人如果没有受到足够的挑衅就没有什么暴力倾向。我可能愤怒，我有两次把人从研讨会上扔了出去，因为他们不受管理，进行破坏，而且拒绝离开。如果遭受攻击，我会狠狠反击。我有几次因为嫉妒而变得粗暴，但是大多数时候我满足于用问题折磨那些亲爱的人，无情地要求对细节的坦白。

有次我们在伊萨兰的"大房子"举办了一个聚会。一个漂亮的女孩充满诱惑地躺在一个沙发上。我挨着她坐下，说了一些类似这样的话："当心我，我是个下流的老头儿。""而我，"她回应道，"是个下流的女孩儿。"那之后我们进行了短暂且愉快的情事。

大多时候我对这份写作感觉良好。我从来没有想到竟然这么容易。我开始考虑写戏剧的可能性——我还没有着手想这件事。还比较模糊。做一个出色的演员、一流的制片人，我会把整件事情都弄成"弗里茨"出品。现在，有不少人掺和进了这本书，有人对我的好色嗤之以鼻，鄙视我缺乏自控，为我的语言感到震惊，佩服我的勇气，困惑于我的多重相互矛盾的特征，因为无法给我分类而感到绝望。我感觉被诱惑而进入对话，但是……

窗子大开着。浪花发出虚弱的喃喃威胁声。清风温柔地卷起桌上的纸张，力道不足以让它们飞起来。

我双手有力而温暖。我有情感和爱——太多了。如果我安慰一个悲伤或痛苦的女孩，哭泣退去，她凑近了……悲伤去哪了，香水从什么开始让你的鼻孔从流涕到闻香？

这些会面和发现就像大苏尔的气温。的确，我们没有冰冻和高温。但是不像热带岛屿上那样怠惰且无差别。冷的时候真冷，令人颤抖。下雨的时候潮湿泥泞。阳光下午直射屋顶，令人窒息。我没有极端的关系。我不杀人，也不吃单身或已婚那一套。我的关系是浮动的，在过于频繁的亲吻与长期忠诚之间浮动。

　　第一个吻犹如罗夏墨迹测验[①]，
　　你触到陌生的嘴和唇，

---

① 罗夏墨迹测验 (Rorschach Test)，让接受测试者解读十张含义不明确的墨迹图，以此推断他们所投射的无意识内容。——译注

进出垃圾桶

你碰到紧闭的嘴唇说"我不在乎",
或者贪婪地把你吸入,
冷漠是测试你,
鸟啄是驱逐你。
一个温柔的警告:小心受伤。
啃咬的声响令你呼吸不畅,
抚摸,性暗示的舔舐,
屎一样难闻的嘴巴,
性冷淡一样的干涩,
摔跤手臂膀般的紧实,
发泡橡胶似的虚弱,
一些被书写的成就:
一种等待,秉持承诺,
一起融化。
在神魂颠倒的隔绝中,
环境也作废。
每一个吻,依我见,都是独特的,
如果你发现其微妙
带着全然鲜活的参与。
Die Engel die nennen es Himmelsfreud,
Die Teufel die nennen es Hollenleid
Die Menschen die nennen es Liebe
(天使称其为"天堂般的喜悦",
魔鬼称其为"地狱般的折磨",
凡人称其为"爱情")

(H. 海涅)

伊萨兰因为吸引人的温泉浴场而开始成为旅馆。当我来到伊萨兰的时候，这里仍然是一个公共的旅馆，有众多的讲座和研讨会在这里进行，酒吧和餐馆开在旅馆周围。旅馆的主人是迈克·墨菲（Mike Murphy）和迪克·普赖斯（Dick Price）。现在我们已经成了扩展的私人机构，迈克·墨菲和迪克·普赖斯是管理者。路过的城市混子和贫穷的毒品贩子被清除或者赶出去。有一阵子，大约一年前，弄到LSD和大麻非常容易而自然，直到迈克表明了立场。现在我们很骄傲，可以在无需毒品的情况下让人们打开。据说我们制造了即刻的疗愈、即刻的快乐、即刻的感觉觉察。

我们到底是如何卷入这一切的？的确，在一开始有一种强烈的救赎和拯救的渴望。神秘的、深奥的、超自然的、超感官的感知似乎符合这个地方的精神。到达更高一层存在的瑜伽-冥想似乎抚慰了失望无聊的城市灵魂。被抛弃的灵魂制造了商业的再繁荣。

这件事令人动容之处在于他们抱着一种真诚的态度，想要达到存在的非言语层面，但是他们没有意识到，冥想就像精神分析一样，是个陷阱；就像精神分析一样，制造了一种不平衡，尽管方向不同。

这两种不平衡可以和排便过程做个对比。便秘和腹泻是两种相反的排泄方式，两种方式都干扰最佳功能，（＋）与（－）。在精神科存在紧张性木僵（兴奋－）和精神分裂（兴奋＋）。

冥想，既不是拉屎也不是离开茅坑，对我来讲似乎是朝向紧张症的教育，而精神分析意念飞跃技术（technique of flight of ideas）[①] 促进了分裂性思维。

[①] 这里指的应该是自由联想技术。——译注

我体验过禅宗中的静坐,也体验过沙发山的晦涩。现在它们的墓碑躺在我的垃圾桶里。

我讨厌使用和认可"正常"这个词,讨厌用它来表达创造性中立。它经常被用来表示平均数,而不是功能最佳的点。

我讨厌使用和认可"完美"这个词,讨厌用它来表达创造性中立。它散发着成就和赞扬的气味。

我喜欢使用并认可"核心"这个词。它是目标的靶心。这样的目标每次都能遇到箭头。

我爱所有箭头不能击中靶心的各种不完美的相遇,或左或右,或上或下。我爱所有尝试上千次都失败的意图。但是只有一个靶心和上千种良好的愿望。

朋友,别做完美主义者。完美主义是一种诅咒和枷锁,因为你唯恐错过靶心而颤抖。如果你顺其自然,就会完美。

朋友,不要害怕犯错。错误不是罪。错误是做事情的不同方式,甚至是新的创造。

朋友,不要为你的错误而感到抱歉。为之骄傲。你具有给出自己的勇气。

要花很多年才能找到核心;要花更多年才能理解并待在当下。

直到那时,觉察两个极端,完美主义和即刻的疗愈,即刻的喜悦,即刻的感觉觉察。

直到那时,觉察任何帮助者。帮助者是许诺却不兑现的骗子。他们宠坏你,令你依赖和不成熟。

扮演布道者的角色感觉很好,享受自命不凡的尼采风格。

伊萨兰的目标是如何触到我的箭头的,在我知道目标存在之前就朝着它前进?

1960年左右我在洛杉矶执业。我当时仍然因为迈阿密的两个乱子而感到烦心，把我自己从马蒂身边和频繁使用LSD中拔出来。没有真正有价值的事情发生。尽管有吉姆·西姆金（Jim Simkin）的支持，我还是无法在专业上突破，我不能摆脱人生被诅咒的感觉。我甚至都不是抑郁。我受够了一整套精神科的骗术。我不知道我想要什么。退休？假期？改变专业？

我决定进行一次从洛杉矶到纽约的旅行，但是用另外一种方式——乘船进行环球旅行。

我一直喜爱乘船出行，有多喜爱乘船就有多不喜欢拥挤的飞机。有一次除外，在我们爱情的巅峰，马蒂和我乘飞机去欧洲的那次。那时紧紧依偎，感觉很好。

通常我都会挤着通过缠着我问问题和要关注的陌生人。在飞机上我可以在我的座位上等待，期待能够打个盹。

我有多热爱开飞机就有多不喜欢坐飞机。和开车正相反：我有多喜欢坐车就有多不喜欢自己开车。

从洛杉矶到纽约的船航行了十五个月。

第一站，夏威夷，檀香山。这里就像我在迈阿密曾经到过的海滩。

在我们的船入港之前，我获得了也许是这一辈子最震撼我的视觉体验。

如果你在晚上飞到洛杉矶，你会看到高大的彼此挤压的圣诞树在等着你。闪烁的亮晶晶的光让你忘了它们是虚假的霓虹。让你忘了浮在上百个城镇上的难看的雾霾，它们欢迎着你的到来。

现在，把刚才提到的各种彩灯数量再增加好几倍，就像沐浴在其中一样。这就是我之前在夏威夷看到的景象。

我像所有人一样喜欢夜幕上的银光点点。当时，清爽的海风增强了体验，我好奇能否体验到更多。于是我使用了小剂量的LSD，然后奇迹发生了。

"无以言喻"是个苍白的词。没有距离，没有二维空间。每颗星星都更近了或者更远了，每颗星都像金星一样跳动着幻化出彩色的光芒，然后落入大海中。宇宙，空中之空，这下被填满了。

然后是日本——东京和京都。除了晚间快速火车服务，几乎不可能描述这两个城市之间的不同。东京，人们麻木，注意不到彼此，鱼贯而行，就像是，生活空间多一点的罐子里的沙丁鱼。至少他们不会伤害彼此。我有一次高峰体验：一位年长的妇人眼神充满爱意，蹲在排水沟里，为我的鞋子抛光。我扔掉一截香烟。她急切地捡了起来。然后我把剩下的半盒都给了她。她把头转向我。深色的眼睛融化了，闪烁着爱，让我膝盖发软。我偶尔还能看到这样的眼睛。不可能的爱成为可能。

在此之前我的人生中只有一次在某个人的眼睛中看到过。洛特·西林斯基（Lotte Cielinsky），我的初恋。我那时要在喜剧里扮演一个法国贵族。她来到后台，当她看到我的戏服和妆容时，她的脸上经历了一种转变，好像刚才天堂向她打开了。美，绝美。

一个日本的医生设计了一种治疗神经症的方法。在床上躺三天。患者只有在去厕所的时候才被允许起床。让我们试一试！用它来进行戒烟！他是个年轻的医生，不会说英语。非医学的助手做所有的安排。我要求有个翻译。有了，但是我需要支付额外的费用。

我一个人有了一个很好的房间。也许我是有史以来的第一个欧洲人。其他的患者像看只奇怪的动物那样看我。医生的妻子带来了食物，跪着进行服务。第二天下午经过医生二楼的办公室，医生以一种令人惊讶的习惯僵硬地坐着，显然等了我一整天。我不懂礼仪。翻译女孩知道的英文非常非常有限。

我挺了两天多，然后脾气爆发了，跑出去买了香烟。拿到账单。女孩两个小时的翻译费用竟是我在这疗养院三天费用的三倍。我没感觉被治愈。

我在美国遇到的一位日本的心理学家向我推荐了一位禅宗大师（Roshi Ihiguru），快速禅。一周之内顿悟。不是开玩笑。另外一位美国心理学家 M 和我是他的首批欧美学生。我们，还有另外八个年轻的日本小伙子，组成了一个班。这可是一件大事。出版社和拍照的记者被召集来。我还留着当时的报纸。

M 和我有一间独立的大房间。晚上我们需要滚动、摊开我们的床垫，因为在白天，禅师和每个学生有几分钟的私人会面时间。在会面期间我需要以全身完全拜倒的姿势趴在他面前。他问些老生常谈的问题，然后这天就不再找我了。他是一个自命不凡的小个子，声音异常高昂，非常看重他自己和自己的工作。

我们早上五点起床，要以最著名的莲花坐姿"坐着"，两腿做出著名的扭曲姿势，真的一整天。我们两个门外汉很快被允许坐椅子。两天后禅师介绍了他的独门秘诀。"用响鼻呼吸。这样做 xxx 时间。"中间的可能是"做几分钟"或者"做几个小时"？

食物出奇地好。禅师的妻子自己单独吃，用一些西餐做日餐的补充。每一餐结束的时候我们把茶倒进碗里，用一片蔬菜叶子清理并吃掉最后一粒米。

我觉得日本民族已经以收缩的方式让自己适应了食物短缺，这样他们就能吃着低能量的食物自在生活。当我走近一群人的时候感觉自己就像是侏儒中的巨人，然而我自己只有 5 英尺 9 英寸高[1]。

无论如何我没有挨过饿，尽管我有时候溜出去抽烟，买巧克力。

我不相信有人获得了启发或者顿悟，但是经历非常有意思。等到了付费的时候，我惊呆了。费用只有十美元，包括了住宿费、伙食费，还有整整一周的学费。当我被告知的时候，我不能接受，我给了他三十美元，他大方地接受了，和他的妻子为我作了一幅画作为补偿，画的是甜美风格的鲜花。

我出了个大丑。第三天早晨，我被告知沐浴的水准备好了。一个冒着热气的大圆桶，里面装着大约两英尺宽、三英尺高的水。我不太知道要怎么让自己浸到里面，但我还是设法爬进去了，给自己打了香皂。我用桶旁边的大勺子往我头上浇水。整个过程很不舒服，但是聊胜于无。

然后我听到自己的罪行。那些水是费了好大劲烧的，而且是公共财产。那个大勺子是当你需要清洗的时候舀水用的。我破坏了整个班级的"沐浴"。

我迟来的道歉。我们被惯坏了，把其他人努力挣来的奢侈品当作理所当然。

我知道顿悟的体验是什么样的，尽管我还没有获得完整的顿悟次第，如果有这样的东西存在的话。毕竟，悉达多是赫尔曼·黑塞真诚幻想中的人物。

最令人吃惊和最自发的顿悟体验发生在十二年前的迈阿密海滩。

---

[1] 约 1.75 米。——译注

进出垃圾桶

我正沿着奥尔顿（Alton）路走，忽然感觉一种蜕变感覆盖了我。那个时候我还不知道也没有使用过心理迷幻剂。我感觉我的右半边缩了起来，几乎瘫痪。我开始瘸着走，我的脸变得松垮，我感觉自己就是村里的傻子，我的智力变得迟钝，停止了转动。就像个霹雳一般，世界活了，变成了三维的，充满颜色和生命——绝对不是非人化的——像"不太"清晰的生命体——但是充满了一种感觉："就是这样，这是真实的。"这是一次彻底的觉醒，来到我的各种感觉，或者我的各种感觉找到我，又或者我的各种感觉有了意义。

当然，我已经知道（主要是从梦和阅读柯日布斯基[①]）存在的非言语层面，但是我感到遗憾：这是一种底层的，而不是一种真实的、最真实的存在形式。

[①] 柯日布斯基（Korzybski，1879—1950），波兰裔美国哲学家，提出了系统的普通语义学理论。——译注

相较于东京,我爱上了京都。我太爱京都了,以至我曾认真地考虑定居在那里。温和的人们彼此问候,眼光开放,带着尊敬。一次在一间咖啡厅,我把看完的杂志落下了。女主人跑了两个街区追上我,把杂志还给了我。甚至出租车司机也很诚实。

我在旅店的花园里连坐好几个小时,看鸭子的无礼行径和鲤鱼,还有傲慢的天鹅,它们几乎不会对这样粗鄙的事情弯下脖子。

和谐和真诚随处可见,不仅仅存在于城堡和金色的寺庙里。我有几次甚至在市区的脱衣舞俱乐部里体验到了。一种在任何西方表演中都会被看作淫秽的行为成了艺术事件。那个女演员描绘了一个在已故丈夫神龛面前自慰的寡妇形象。她非常投入,动作优美,传递了爱的信息,令观众陷入沉默,顾不得鼓掌。

禅宗也是一样。那个地方,我确信是叫大德寺(Daitokuji),是京都北部上百座寺庙之一。主人,一个美国人,看护并管理丈夫的神龛、图书馆和大量藏书。有次她接待一批参观者的时候,穿上了精致的服饰。真是一个禅宗的高级女祭司。

学生们构成了各国混杂的国际团体。他们中有些人过着一种俭朴的生活,假装自己是禅宗和尚。我真的喜欢他们,也喜欢他们对于救赎的真诚热忱。我们常常在晚间"坐禅"之前会面。在一开始，佐佐木（Sasaki）女士讲些呼吸和其他与禅相关的话题，但是四周后她和她的学生对格式塔治疗越来越感兴趣。我尽可能少地与他们分享。因为我想探索他们的立场和他们工作的结果。

武天师父是个非常年轻的禅宗和尚，他很喜欢我。离开京都之前，我邀请他和一群人到一个精致（而且，我必须承认，非常好吃）的中餐馆吃晚饭，点了十二道菜。我听说他很想要一只手表。两天后，我发现他没有戴我送他的手表。我不懂为什么，因为那是一只不错的表。然后我发现他把表和他最珍贵的物品一起放到他的神龛里，他的虔诚之地。

禅宗吸引我的是一种没有上帝的宗教的可能性。我很吃惊地发现每次课之前我们都需要在一尊佛像前诵念鞠躬。象征与否，对我而言它是又一次导致神化的物化。

"坐禅"不是特别令人煎熬，因为在两三个小时的坐禅中间会穿插着一些行禅。我们需要以某种特定方式呼吸，并且把注意力放在呼吸上，以便减少念头的闯入，这期间禅师昂首走来走去，有时候纠正我们的姿势。每次他走近我的时候，我都变得紧张。当然，这搅乱了我的呼吸。他只有很少几次打过我。他有非常强壮的腹肌，很喜欢炫耀。我有一种印象：他的肌肉对他来讲似乎比他的智慧更重要。

我在那里待了两个月。还没有到介绍参悟公案的时机。他只给我一个幼稚简单的公案："风是什么颜色。"当我在他脸上吹气，作为回应的时候，他似乎很满意。

我又卡住了。我检查了最后两段，发现它们相当混乱和突兀。编辑会怎么办呢？目前为止，我感到这份文稿想要成为一本书。这偏离了我原本想要为自己写作的意愿,即厘清我自己,调查我的吸烟问题和其他症状。它也偏离了我的诚实。我两次突然发现自己犯了遗漏的罪,但是,不仅如此,我开始犹豫着去带入活的人。害怕被起诉这一类事情。好的,"qué será será"①。该怎样,就怎样,就像伊迪丝·皮雅芙(Edith Piaf)歌里唱的那样。

目前,这份文稿已经为我做了很多。我的最初的无聊已经转变成了兴奋。我每天写三到六页,在研讨会的间隙或者夜间。我对时间变得吝啬,经常喜欢跑到小房子里面去写作。我喜欢把部分的手稿给一些朋友看,我一次又一次因为他们的反应而感到开心。当我的秘书特迪(Teddy)进来处理信件或者打扫的时候,她第一时间读了我写的内容,并反馈她的判断。

通过调动写作的兴奋,我感觉到通畅。我获得并给予越来越多的爱。下流的老头变得有些干净了。但是如果越来越多的更漂亮的年轻和不那么年轻的女孩,以及这一个或那一个男人时不时地拥抱我并吻我,我有什么办法呢?

我的从容、幽默和治疗技术都在增长,我的幸福感也是。有意思的是,我最近几年不再感觉被生活诅咒,而是被保佑。

我现在卡住了,因为我不知道我是该写写我死去的朋友保罗·魏斯(Paul Weiss)——我对禅宗兴趣的增长他是必不可少的一环——还是该继续我的世界旅行。我发现当我提到保罗的时候,我的写作变得越来越微不足道。我的确经常在他面前感觉到渺小。

保罗,如果我能做更多,而不仅仅是把你拉出我的垃圾桶。

---

① 西班牙语,意即后文的"该怎样,就怎样"(whatever will be, will be)。

如果我能够让你死而复生。你稳重而真实，智慧而残忍。大多数时候是对你自己残忍。恪守坐禅，要求自己的想法达到最清晰、最诚实。从来不在原则事情上妥协。

你是我生命里少数几个我可以听从的人之一。即便你当时说的话显得荒谬，我也总是把你说的话放到肚子里让它成长。它几乎总是能结出果实。

他的话语并不总是批评。有一次他给了我巨大的支持。我当时正想抓住海德格尔的思想，然后保罗说："你需要海德格尔干什么呢？你说得已经更好了，更切中要点。"

保罗和洛特具有最令人惊叹的婚姻。他像个杀手，而她是不可摧毁的。洛特用最甜的笑容问最惹人烦的问题（洛特是个甜美温柔的人，是出色的维也纳厨师），而他用暴力和爱回击她。

我第一次见洛特是在我为《社会心理学进展》写了一篇论文之后，题目是《人格整合的理论与技术》。她来和我一起工作。我们成为很好的朋友，现在仍然如此。

保罗，他专门从事癌症的研究，有非常严重的强迫性神经症。他大多数时候和罗拉工作，他成为一名很棒、很有效的咨询师，主要是接边缘型个案。除了格式塔治疗，他开始对禅宗很投入，去了几次日本，邀请一些禅宗和尚来到美国。洛特抱怨说他们打理得很好的房子被入侵。

从那个时候开始，我对禅宗及其智慧、潜能、非道德的态度，越来越痴迷。保罗尝试整合格式塔和禅宗。我的努力更多集中于创造一种可行的方法，把这种人类自我超越的方式向西方人敞开，介绍给他们。在这期间我受到阿道司·赫胥黎（Aldous Huxley）的鼓励，他说《格式塔治疗》是"唯一值得读的心理治疗书"。

就禅宗的成就方面而言，我到日本的旅程是场失败。它增强了我的论断，因为如果花费几年几十年而一无所获，那么在精神分析里，有些东西一定错了。往好的方面说就是精神分析养育了精神分析师，禅宗养育了禅宗和尚。

两者的价值，即扩大觉察和释放人类的潜能，是积极的，两种方法的效率是消极的。它们的效率不可能高，因为它们没有集中于接触和后撤的极性，也就是生命的节奏。

昨天我感觉不想写东西。我把这一节的前几页给凯（Kay）去打印。之后我感觉到一种空虚，无处可依，没东西能填补这种空虚。

千朵塑料花

沙漠不芬芳

万道虚幻影

填不满空房

然后昨天晚上，又开始摸索着前进。我在不同的方向上摸索。不仅仅是记忆和体验，我想要拯救我的格式塔哲学。我想要使用一种每个人都可以理解的语言。我想要带来一种活的理论，一种精确但不刻板的理论。我想，我想，我想。我，我，我，我。

什么是"我"？一个内摄的集合（如弗洛伊德所说），一个神经学家可以在脑内定位的东西、我们行动的组织者、我灵魂的指挥官？不是以上任何一种。一个小孩子还没有"我"。他用第三人称来表述自己。因纽特人使用第三人称单数而不是"我"来称呼自己。一些男孩部落的人说"这里"而不是"我"。

我们看到生物学的格式塔作为过渡性的组织者出现，接管了整体有机体。每个器官、感觉、动作、想法，都服从于这个浮现的需要，一旦需要被满足就迅速改变与这个需要相关的功能，不再忠诚于这个需要，然后退入背景。随着下一个需要浮现，所有的部分都各司其职，成为一个整体的人，全力以使格式塔完整。有机体所有的部分都暂时地认同紧急的格式塔。

社会层面也有类似的过程发生。在紧急情况下，即洪水、地震、胜利的庆祝，很多人会认同并参与，会承担部分工作并与其他人一起参与，贡献他们的一份力。

"我"是体验图形的前景。它是所有浮现出的需要的总和，是需要满足的清算中心。它是内外部要求的恒常因素。它是任何自己与之相认同的东西的责任动因："能反应"（response-able），能够对环境做出反应——不是道德意义上由职责规定的义务性的责任。

在水失衡的例子中，两个陈述句"我渴"和"我不渴"不是逻辑上的相悖，而是对不同状态即缺水或者不缺水的认同。

好了，目前一切进展得不错。我们意识到"我"不是一个静物，而是认同功能的符号。然而，我们还绝对没有走出森林。首先，即使弗洛伊德谈论完全内摄，他也是在说一种认同过程。如果一个女孩内摄了妈妈，那么他（弗洛伊德）说的是，她如此地与妈妈相认同，以至表现得"仿佛"她就是妈妈。

更进一步，"认同"这个词是一个描述性的词语，几乎没有告诉我们实际发生了什么。

最后，我们的词语需要更多澄清："与……相认同""认同为"，以及"正和……相认同"。

看起来现在我们不得不玩些语意恰当的游戏。我的哲学的一个目的是建立一个凝聚的整体，也就是，适用于所有出现的事件，包括无机和有机的世界。智力支持越是复杂，在更高的水平即叠加水平上的变动越少。

自从遇到了弗里德伦德尔，我学习到了恰当极化（proper polarizing）的艺术。"与某物相认同"的反面是疏离（alienation）。自我疏离已经成为存在主义精神病学的重要概念。

"认同为某物"的极性是：融合（confluence）——区分（distinction）未分化的背景。

我从1940年开始就使用融合。我相信这个词还没有进入精神病学。作为一个词语，它的意思很容易掌握；作为一个术语，它一点儿也不简单。它属于"无"这一类中的一个。

我在抽烟。我吹了个烟圈。我可以认同为烟圈。一阵微风扯开了它。它向上游动，变换着形状，扩大着，稀薄了。它还在那里——模糊地。它失去了边界。它正在消失。我需要很费劲儿才能觉察到它。现在它消失了。消失？不。它和空气融合了，不再能够被识别出来。我们需要抽取空气样本进行分析才能追踪它的成分，尽管它的格式塔、它的定义，消失了。

我正离开房间。回来的时候，我闻到了有烟味的空气。我做了接触。现在我觉察到有烟味的空气。

在融合里，觉察减少到没有。在接触中，觉察是强烈的。在我重新进入房间之前，我没有觉察到有烟味的空气。我隔离了，和它分离。这种现象在现代精神病学里最知名，得到了最好的研究：压抑、阻挡、抑制、暗点、盲点、空白、失忆、墙、审查、塑料片等等。隐藏财富的恢复是精神分析技术的目的。

一旦我移开分离的东西，我就和隐藏的现象接触。我在接触中。

我需要小心，一步一步来，保持一致。难怪目前书写不流畅。我也不期待读起来是容易的。我过去常说我制造的电影将是我的自白，但是现在这本书更进入前景，制造电影已经失去了它的兴奋。四周工作坊明天结束，看起来似乎我们有很多有趣的影像资料去呈现格式塔治疗，但是我一开始录视频和制造电影的那种激动和全情投入减少了。我们至少有两部关于融合的影片，很多与接触功能和恢复有关，还有一些与揭开（*un*convering[①]）有关。

零点在这里是发现（discovery）。任何发现都会伴随着"啊哈"的体验，带有不同程度的愉快或不愉快的震动。我认为学习是揭开一些"新的"东西，因此，意识到一些东西是可能的。阻碍的移除是恢复一些"旧的"、属于我们但我们疏离并否认属于我们的东西。

当前的治疗满足于从压抑等导致的贫瘠中恢复，把它当作解药。格式塔治疗更感兴趣于揭开个体休眠中的潜能。

而且，整个压抑理论和治疗虽然有用，但是需要被重新审查。

上位狗：停，弗里茨，你在干什么？

下位狗：你什么意思？

上位狗：你非常清楚我的意思。你从一个东西跑到另外一个东西。你开始了一些叫作认同的东西，然后提到了融合。现在我已经看到你准备跳入对压抑的讨论。

下位狗：我仍然不懂你反对什么。

上位狗：你看不懂我反对什么？天哪，谁他妈的能对你的治疗有个清晰的图形？

[①] 此处作者以斜体强调了这个词的前缀"un"，表示对"cover"的否定，意为"去除盖子"。——译注

下位狗：你意思是我应该带块黑板，画上表格，把每个术语、每对极性清晰地整齐分类？

上位狗：这个想法不赖。你可以这样做。

下位狗：不，我不。至少不是在这个舞台上。但是我告诉你我可以做什么。我可以最终对传记、哲学、治疗和诗歌材料使用不同的字体。

上位狗：好吧，这至少是个想法。

下位狗：那么你想要让我做什么？让河停止流动？停止玩我的垃圾桶游戏？

上位狗：好吧，想法倒是不赖，如果你坐下来像保罗一样自律，写下：

（1）你的传记；

（2）你的理论；

（3）个案历史、梦工作等；

（4）诗歌，如果你必须写的话。

下位狗：去死。你很了解我。如果想故意做些事情，并且是在压力下的话，我会变得恶毒，继续罢工。我一辈子都是漂流者……

> 就让我在大海上漂流扬帆，
> 在上百种语言的海洋里，
> 让这样的舰长掌舵，
> 做一流的控制者。
>
> 就让我尽情睡眠，
> 吃一顿懒散的早餐，

然后一阵风吹得我发抖，
海浪、船和甲板上的朋友也如此。

就让我独自旅行，
没有妻子、孩子，
没有大师、朋友，
以及任何义务。

就让我清空我的箱子，
扔掉多余的行李，
直到我从这些塞满我生活的
垃圾中解放出来。

就让我以我的方式存在和死去，
一个人们的信息中心，
一个爱开玩笑的流浪汉，
思考和玩乐，一切都如此。

就让世界、细胞、蜜蜂，
充满思想情绪。
就让我在大海上漂流航行，
在上百种语言的海洋里。

上位狗：

我听到你的请求，

>我感觉到你的眼泪。
>再见,孤独的水手。
>你铺好了你的床,
>你锻造了你的锁链。
>享受你的沉重舞蹈。
>
>此刻再见吧,
>但是我会回来,
>带着无情的怨怼。
>
>直到你生命的最后一天,
>当我们永远分离时,
>你和我,而不是和你的妻子结婚,
>你自作聪明。
>
>因为你就是我,我就是你,
>我们会一同死去。

第一个读者:嘿,停止多愁善感那一套。我花钱是想看看你做了什么。你离开后又去了哪里?

弗里茨:去了香港,当然了。

第二个读者:赶上了很多便宜,是不是?

弗里茨:是也不是。我买了一件羊毛大衣,只花了30美元,但是做工简陋。我买了一件白色的晚礼服,我在飞机上穿过,但是现在已经在我的衣柜里面挂了两年,不再穿了。

第三个读者:当地的政治情况如何?

弗里茨：我想不起来。我钻过铁丝网隔开的地区，只是为了能够说我见识过红色中国。

还是第三个读者：难民很多吗？

弗里茨：是的，他们住在山顶非常拥挤的棚户区和过于密集的大楼里。嘿，你们，在对我做什么？就像记者一样提问，就像对待回答问题的大人物一样对待我——

读者们（一起）：安静，弗里茨，我们是你想象出来的虚构人物。是你自己认为你是大人物。

弗里茨：好吧，好吧，我都承认。你们想让我抓住机会谈论投射？

读者们：不，不是的。我们想让你继续你的世界旅行。你说过箭头指向靶心——伊萨兰——在你去那里很久之前就发生了，而这和你的环球旅行有关。

弗里茨：是的。尽管我有着不安分的吉卜赛人天性，但是我也在寻找一个能够让我长时间停留歇脚的地方。京都，和那些温和的人在一起，似乎是一种可能性。另外一个是以色列的以拉他（Elath）。

读者们：啊哈，老犹太人回乡了，来到了他祖先的土地。我们还以为你是无神论者呢。

弗里茨：的确是。尽管我一生中有过至少一次宗教体验，那是在1916年的佛兰德斯战壕里。

我是36先锋队的医疗兵。这是一支经过专门训练、使用毒气攻击敌人的队伍。我最初接到的命令是和第三战壕的医疗官待在一起，然后任务变了，我不得不去更危险的前线战壕。我们有两架发射毒气的迫击炮作为支持。在凌晨三点的时候，我们发动了攻击，顷刻之间我们就遭遇了英军的炮火轰炸。然而经过两小时地狱般的战斗，我没有多少伤员要照顾。我自己前额上受了些皮外伤，现在我的脸部肤色变深之后还可以看得到伤疤，有些照片里我的伤疤看起来就像是第三只眼睛。之后，我得知第三战壕的医疗防空洞遭遇了直接攻击，医生和两个医疗兵都遇难了。

在我们行军回程时，遇到了美轮美奂的日出。我感觉见到了上帝。还是说，这是一种感激，或者是炮火和寂静的美景之间的对比？谁能说得清呢？

无论如何，这样的体验还不足以让我变成一个信徒。也许当浮士德回答玛格丽特的时候，歌德说的是对的：

> 信仰之人
> 与艺术为伍，
> 或亦可
> 寄情于科学格物。
> 如若不得入其门，
> 必获巨量
> 无法忍受之空虚，
> 需要上帝救赎。

这是糟糕的翻译。歌德是一位无人能够翻译的诗人。他的语言、韵律和意义自成一体，别具风格，一旦有人让他说另外一种语言，就立即失去精妙。

不，我不是回乡的犹太人，尽管有阵子我真诚地有过让以色列成为我的家的想法。但不是因为那片土地和它的人们，而是出于我自己的原因。

我和犹太教及犹太人的关系极其不明确。我知道不少德国、希腊和罗马的历史。而关于我的历史——我甚至说不出我同胞，我和他们相认同得很少——也就是犹太人的历史，我知道的几近于零。我小时候见过的东欧犹太人，穿长袍留着"payes"（长胡须卷发），他们难以捉摸，可怕，像和尚一样，不属于我的世界。然而，我喜爱犹太人的故事和他们孕育的智慧。以色列人经常出现在我的研讨会上，尤其是萨布拉（土生土长的以色列人），我受到他们的偏爱。我尊敬、欣赏健康的犹太人的宗教、历史和生活方式。他们的复国主义是有道理的，尽管我曾经并且仍然视复国主义为不现实、愚蠢的多愁善感。大多数犹太人在精神上不回归以色列。他们是希特勒制造的难民，他们来自世界各地，犹太人天生能让沙漠更易开花，同时更少传播敌意。然而，为了平衡，我向你和你的马卡比[①]精神鞠躬，以色列。你为世界上的犹太人赢得了尊敬。甚至美国的反犹太主义者都大幅减少。犹太人身份不再是让一个适合工作岗位的人，自然而然失去工作的理由。至于潜在的美国法西斯主义，目标是黑人和嬉皮士而不是犹太人，然而黑人不会像欧洲犹太人那样，顺从地、怯懦地承受。他已经尝过了自由的味道，已经形成肌肉反射。

[①] 马卡比（Makabbi），古犹太人著名首领。公元前168年，领导起义，反对塞琉古国王安蒂奥丘斯四世颁布的压制犹太教的法令。公元前164年收复了耶路撒冷的大部分地区，并重新向圣殿供奉。——译注

像其他东西一样，写作被接触和后撤的节奏掌管。写完最后一页，我感到头部的压力和疲倦。疲倦是有机体后撤的精妙信号。再一次，两句之后我感觉到同样的疲倦……

我回到沙发和压力进行接触，应对出现了，是一个更适合撤退的极性。接触在两种情况下都出现。简而言之：应对是与OZ（外部区域、他者、环境）接触，或者与SZ（内部或者自体区域）接触。退行不像弗洛伊德认为的那样是神经症症状。它显然也不是突出的神经症特征。相反，后撤、退行和撤退意味着找到一个位置，以便我们可以应对，或者从那里获得我们需要的支持，再或者接近一个更重要的未完成情境。

如果图形/背景形成的弹性被破坏，在我们的例子中，如果应对和后撤不是彼此补充，那么我们不得不处理慢性应对（chronic coping）和慢性后撤（chronic withdrawal），两者都是病理性症状。慢性应对被称作固化、附着、强迫性、虚假等等。慢性后撤被称作"失去接触"、关闭，在极端的例子中，它是紧张性木僵。

如果一支军队处在一种艰苦的情境中，面临被消灭的威胁，人员伤亡，炮弹耗竭，它会进行"策略性后撤"。它会后撤到一个更安全的位置,并且会获得人员和炮弹的支持,甚至是道德支持,直到不完整的格式塔变完整,然后它再次获得足够的人力、硬件和战斗精神。

有一个关于两个分析师的故事。其中一个年轻,在晚上感到耗竭,问他的年长的同事,"你是如何忍受听一整天联想的?"他回答:"谁会听。"

这里我们又遇到两种极端,附着——慢性应对,经常被叫作"冷酷的决心"——以及关闭耳朵。附着会导致军队覆灭,它导致年轻分析师的耗竭。

一个把自己的存在只和赚钱挂钩的银行家,在黑色星期五的时候,因为紧握住赚钱这个意象,不能应对市场变化,除了自杀没有别的选择。

一个感觉到自己无力应对眼前情境的人,不会放手,经常会使用最原始的应对手段——自杀。换句话说,自杀和暴力是不良应对的症状。

1933年4月,在纳粹上台之后,我去见了艾丁根(Aitingon[①]),他是柏林精神分析协会的主席,我告诉他,我看到了墙上贴的警告。他说:"你不是基于现实定向。你在逃跑。"于是我跑了。我的现实是我无力应对希特勒的阴谋。他花了两年多时间重新定向,后来去了巴勒斯坦。

很多犹太人本来可以在希特勒统治期间活下来,如果他们可以放弃财产、亲戚和对未知的恐惧的话。

很多人本来可以活下来,如果他们可以克服自己的惰性和愚

[①] 原文"Aitingon"有误,应是 Max Eitingon,曾任德国精神分析协会主席。——译注

蠢的乐观主义的话。

很多人本可以活下来，如果他们调动自己的资源，而不是等待某个人拯救他们的话。

如果，如果，如果。

我今天早上起来感觉眩晕和沉重。坐在我的床上，麻木地进入恍惚，就像我在精神医院看到过的患者那样，后撤到他们的沉思中。鬼魂、希特勒的受害者、我和罗拉大部分的亲戚，他们来拜访我们，指手画脚地说："你本来可以救我。"用力让我感觉到内疚，并且为他们负责。

但是我坚定我的信条："我只为自己负责。你对你自己负责。我痛恨你们对我的要求，就如我痛恨任何对我存在方式的闯入。"

我知道我握得有点太紧了。

我感到挫败，同时知道是"我"挫败"我自己"。目标，伊萨兰，似乎变得越来越远了。甚至以拉他，另外一个可能定居的地方（除了京都），似乎也摸不到了。

然而我感觉到真实和满意。我和所有的三个区域进行了接触。我知道我坐在桌子边。我感觉到笔划过纸面，我看到我凌乱的桌子。头上的灯，照在我的手上，影子覆盖了正在形成的词语。

我也在和我的内部区域接触：满意的感觉，与华盛顿委员会协商一整天的疲惫感——协商内容是关于即将到来的聚会中心的授权——一种继续这本书的急迫感。

我也在和中间区域接触，这个区域经常被称作心智。在这个区域，我想象，我无声地讲述，这经常被叫作思维；我记忆，计划，排练。我知道我在想象、召唤过去的事件。我知道它们不是现实，而是意象。如果我认为它们是真实的，那么我有幻觉，也就是说，不能区分现实和幻想。这是精神病的主要症状。

一个神智正常的人，在玩游戏时，在回顾过去的事件时，在进行未来成果和灾难的白日梦时，知道他自己处于一种"仿佛"的状态，他可以很快地从这种状态回到现实。

有一种例外，在更深层的意义上它不是例外——梦。每个梦都具有感觉真实的品质。每个梦都是一种幻觉。每个梦都感觉自然，以至人在其中觉察不到经常是极度荒谬的情境和事件。

每个梦都是自发的事件。相反，幻想在很大程度上可以是刻意为之。如果我们不核对，不与有限的现实可能性做比较的话，幻想似乎没有限制。

去往以拉他会涉及计划、事件、金钱、取消活动等。

在幻想中去那里是容易的，假设我没有阻隔我的记忆的话。当我去那里的时候，或者，就如我喜欢说的那样，当我坐着我的时光机的时候，我发现自己在去往巴适卡（Bersheika）到以拉他之间的半路上。一些废墟、一个新的车站，还有一个加油站。

我给几个月前在德国买的大众汽车加满了油。需要解释运输问题这个想法让我感到被打扰，它干扰了半路上的有意思的状况。事实是我开了500公里，独自穿越了沙漠，我怀疑如果不是像大众这样有冷气的车，我是否敢这样做。

和我的预期相反，开车穿越沙漠一点也不无聊。路非常窄小，但是用碎石铺过，大部分维修得很好。除了一些贝都因人，以及他们的骆驼和帐篷，我没有遇到过其他人，尽管我远远地看到过一个基布兹①和一个军营。以拉他令人失望——简陋的临时小屋多过房子，尘土漫天而且非常暖和。这还是冬天。我绝对相

---

① 基布兹（kibbutz），以色列的一种集体社区，过去主要从事农业生产，现在也从事工业和高科技产业。——译注

信那些说夏天会热到多么难以忍受的故事。

我入住了一家旅馆,在上流社会人士出入的以拉他酒店的后面。我痛恨镶铬的酒店,你需要一直等待。我经常感觉有点偏执地喜欢小而精的酒店;秃鹫一样的行李员、电梯员和保洁员围绕着我,迎合着,彬彬有礼,以此获得小费作为报偿。

整个场面似乎单调无趣,我决定回去,几天里,我去了艾因荷德(Ein Hod),一个艺术展,我在那里感觉舒服。但是……

那里有海滩拾荒者、陆地,还有海景。

我没有坚持之前的决定,而是在那里待了四周多。没有艳遇,没有文化吸引力;沙滩满是石头,而非像海法(Haifa)一样有漂亮的沙滩,但是……

我发现那些海滩拾荒者,大部分是美国人,太奇妙了。

今天我们叫他们嬉皮士,在千里之外遇到他们。的确,在我们柏林这群放荡不羁的人中偶尔有这样的人物,他们无所事事,但是大部分人急于埋头苦干、变得重要,希望在生命中有所作为,很多人也做到了。

我也遇到过垮掉的一代,他们尝试过,但是放弃了;一群愤怒的人用自己的头撞击如铜墙铁壁般的社会规则。

我曾遇到过禅宗学生,在他放弃前几个月遇到他,没有愤怒地忙着寻找救赎。

在这里发现海滩拾荒者是件大事。

发现只是快乐存在的人,不在乎目标和成就。

发现他们,来自各国的人,在以色列,这样一个每个人都用力建立一个长久家园的地方。

发现不在忙着度假的人——你知道那类事,晒黑皮肤,涂油,戴墨镜,去鸡尾酒会,八卦海滩上的人物,谈论节食、价格和戒烟的打算。

我时不时地使用其中一个海滩拾荒者作为我画画的模特。画画已经成为我在以色列的主业。在去以拉他之前，我从没对画画有这么大的热情、这样投入。像凡·高一样的画家被驱动去寻找风景。失落的老处女寻找"主体"。这里有生活的色彩；这里是内盖夫（Negev）包围红海的地方，两边是约旦和埃及的山脉；这里是太阳制造各种色彩的地方，从各种高度的山峰纵贯到水下的沙湖和五彩斑斓的鱼群，这里是眼睛享受颜色和形状盛宴的地方，每个时辰都在变化。

在红海的深处有一种鳗鱼一样的生物，大约四到五英尺长，至少有一英尺宽，是橙色和胭脂红色的活雕塑。一个波浪？一张魔毯？喜悦的平静的实现？我只见过一次，尽管我乘一艘玻璃钢底船寻找过几次。

一开始我不敢画这些山，但是最终我有了足够的勇气并沉迷于描绘它们。我们汽车旅馆的门卫喜欢坐着让我画像。我现在还有两张他的画像。我也画了一些水彩肖像。画油画的话，我总是可以作弊和过度涂抹，但是使用水彩，我不得不让自己努力进入微妙的描绘。

我关于画画的最早记忆是去参观柏林国家美术馆。我母亲带我去那里的时候，我一定已经有八岁了。我被裸体女人的肖像迷住了；我母亲面对她们感觉到尴尬，红着脸。我认出了宗教画的目的：宣传基督耶稣。有些画的美冲击了我——一张巨大的拉斐尔（Rapheal）蓝色圣母和婴孩天使，以及伦勃朗（Rembrandt）的《戴金盔的男子》。在学校里，绘画是我最好的科目之一。即便我不时被其他科目俘获，我还是喜欢绘画课。不，还有一个例外——数学，它如此吸引我，以至我无法不投入。

那时如往常一样，我还没有为学校做好准备。我努力想成为演员，已经太投入了。我被叫到黑板前解一道难题。我看了一眼，然后做出来了，于是老师说道："这不是我昨天教的方法。在技巧上我给你打个优秀，在勤奋方面我给你不及格。"我印象很深。

绘画总是对事务的复刻——阴影、透视。这样保持了很久。我的艺术鉴赏力很差，大多数时候被画家的名声引导。我花了很长时间看出毕加索（Picasso）是屠夫，高更（Gaugin）是一个海报制造人，卢梭（Rousseau）是一个"造物者"。有些画家合乎我的审美——克利（Klee）、凡·高、米开朗琪罗（Michelangelo）和伦勃朗，我越来越喜欢克利。凡·高的野性令我神魂颠倒。米开朗琪罗的西斯廷教堂顶像一个我坚定不移地衷心珍视的近亲。但是伦勃朗对我来讲，就像歌德——一个统一的自体——是一个超越性中心，充满高度的活力。有次我在阿姆斯特丹国立美术馆他的《夜巡》面前坐了一个小时。

有时候我渴望某幅画，必须买下来。当然，这不总是能办到，如果画家非常出名的话。我既不是有钱人也不是收藏家。

当然，"如果"我非常贪婪又狡猾，我就可以用在不莱梅赚的 500 美元买下一些画，但是那样的话我可能不愿意丢下它们，最后我会落到集中营里，或者这些画会被当作贬值的艺术品而被烧掉。所以我们现在回到了"从轮子想到汽车"。

来美国之后，我开始更严肃地对待画画。南非的户外生活和运动在纽约似乎消失了，一座石头、匆忙、文化之城。罗拉写了些东西，有诗歌和一些短小的故事。她带着钢琴。她钢琴弹得很好，年轻时候她在学习法律、心理学，还是成为钢琴家之间举棋不定。

除了夏季在科德角（Cape Cod）的普罗温斯敦（Provincetown）的长假外，我成了职业奴隶，一个小时又一个小时地工作。

我们每年夏天去那里度假，罗拉现在还是这样。对我来讲，当"他们"剥夺了这个地方的淳朴，拿丑陋作为偿付的时候，它就被破坏了。实际上，我有点夸张了。

夏天的人群是渔民、艺术家和精神分析师。我很快就忙于玩帆船和画画。和飞行一样，我喜欢一个人航行。就像在飞行中，我喜爱从关闭发动机到滑到地面这段时间内的巨大寂静。

我从来没有喜欢上钓鱼，只抓到过一些小鱼苗和一条比目鱼。

画画成了我投入大量精力的事情，轻微接近成瘾了。很快我有了一个又一个老师。在以色列的艾因荷德，也是一样。

我喜欢这样一种课堂氛围，里面有充满嫉妒与竞争并且为自己的作品感到自豪的学生。我喜欢沉浸在伴随着物体-画家-帆布关系的孤独里。我喜欢这种相遇团体的先驱，对彼此的"杰作"进行相互的赞美和批评。我喜欢这点，帆布是一个你可以纵情犯罪，但是不会被惩罚的地方。

我喜欢我几乎所有的老师，他们带着偏见说，"我对你的全部希望就是表达你自己"，却隐藏了句子的后半段，"只要你按照我的方式做"。

直到几年前我才真正成为一个画家。我学了很多的花招、技巧、构图、调色。所有这些仅仅是加强了人工合成的弗里茨，一种刻意的、计算的、审视的生活取向。只有在很罕见的情况下我才接近做到让自体自然地投射到帆布上。

当然，我卖过一些画，大部分现在正挂在我的墙上。很多作品可以轻松地与一般的美国画家竞争，他们想要不同于自己的同行，却只是展现了同样无聊的想要特殊的一致性，发展出了自己的花招，然后自己称之为风格。

然后几年前，"它"和水彩画发生了碰撞。总有一天——未来——我会再画画。

某种程度上，我把画画和我目前的写作进行对比，突然之间，在这么多年以后，写作启动了。在画画和写作这两件事情上，我知道我已经克服了业余选手的身份，已经从一种症状发展到一个职业。

最终我回到美国，仍然带着沮丧感，感觉职业是我拱起的肩膀上的沉重负担。在美国心理治疗师学会（American Academy of Psychotherapists）的一次会议中有三件突出的事情。我非常苦闷，心绞痛发作，这相当令人郁闷，我在床上躺了一天。

第二件事是开始了和美丽、机智、有力量的伊尔玛·谢泼德（Irma Shepherd）的一段友谊，她明快，温暖，固执，害怕自己的活力。

第三件事是在一次团体工作中我爆发出绝望。那种爆发感觉很真实。猛烈的抽泣，不在意当着陌生人的面，从很深的地方出现。这次爆发就是这样的。之后我可以重新坐到我的位置上，愿意再次拾起我的职业。

写下这些的时候，我有个发现：我把绝望从我的神经症理论中漏掉了。这一次，我想要做个表格。神经症的五个层次不是严格独立的，而是作为一种理解指南，这样的概述是有用的：

（1）惯例层；

（2）角色和游戏；

（3）内爆；

（4）僵局和外爆；

进出垃圾桶

(5) 真诚。

惯例层是既是刻板的，也是一种背景测试——你过得好吗？好天气。握手。点头。这只是承认另外一个人的存在。这不意味着接受，虽然刻意的抑制暗示了冒犯。我在测试另外一个人。他是不是会进入对天气或者另外一个中性话题的讨论？我们能否从这里进入稍微危险一点的领域？

从这里，我们进入游戏角色扮演层。我们可以把这层叫作艾瑞克·伯恩（Eric Berne）或者弗洛伊德的领域。偏好让位于"比你多"的游戏："我的车子比你的新"，"我的不幸比你的更令人同情"。游戏的数量不限于角色，尽管角色游戏在弗洛伊德的分类里面较少：爸爸、妈妈、女巫、孩子等。伯恩似乎和弗洛伊德的角色类同，但是也包括了变成王子的丑陋青蛙这样的角色。

大多数角色是操纵的手段——霸凌者、无助的人、礼貌的人、引诱的人、好孩子、按摩人、骗子、犹太妈妈、催眠师、无聊的人等等。他们都想以某种方式影响你。没生命力的角色也经常出现——冰山、火球、推土机、果冻、直布罗陀巨岩等。

这个下午我和印度大师玛哈礼希（Maharishi）拍摄了一段对话。他说的东西是相当有偏见的——和"无限"连接来发展一个人的最高潜能。他装聋，或者往好了说，给了我"咯咯"一声，大约是在笑吧，此时，我没能弄清楚潜能到底是什么，以及如何比较他的冥想和我们更简约的应对/后撤技术。不过，他有很漂亮的眼睛和好看的手。我认为他是一个乏味的人，为了世界上的名声和金钱，我不介意扮演圣人。他的游戏和角色是僵硬的，尽管我怀疑在其他情境下他可以扮演其他角色。

有时候你发现在另外一端的人。海伦妮·多伊奇叫它们"仿佛"类型；这些人的仓库里有几百种角色。

经典的角色扮演游戏是杰基尔博士和海德先生[①]，以及夏娃的三副面孔。两个例子中都超越了"仿佛"行为。两种例子中都显示了一种真正的解离。两种例子都不同于一般的二分法，比如银行职员在办公室是马屁精，在家是暴君。

杰里·格林沃尔德（Jerry Greenwald）发给我一篇专题文章，属于我们的主题。他区分了两种类型的人：T型人和N型人。T代表着有毒（toxic），N代表滋养（nourishing）。我认可他的发现，尽管我也见过其他的破坏形式。明白应对/后撤节奏可以省去你很多力气；明白T和N可以极大改善你的活力，甚至可能省去你的很多不开心。所有你需要做的就是对这种现象有一些兴趣。

例外是，如果你自己是T型人，即便是这种时候你也能发现比你还有毒的人。

第一件事情是找到T和N的极端例子。什么样的人或者情境极度消耗你的精力并让你恼火，又是在什么情境下让你满足并给你能量？谁给你糖衣包裹的毒药？特别注意问题、建议者、疯狂的司机、尖锐的或者麻木的声音。

一旦你有了自信，注意每个句子、声音的音调和举止习性。极端的例子——结巴、做鬼脸。什么让你不舒服？你是否有回答每个问题的冲动？

一个出色的游戏可以在熟人之间展开。用几天时间注意并检查每个句子和其他形式的行为。一旦它"运转"起来，你便永远不会失去偏好N型人、远离T型人的本能。

[①] 19世纪英国作家罗伯特·路易斯·史蒂文森创作的长篇小说《化身博士》中的人物，这是文学史上首个双重人格形象，后来"杰基尔和海德"（Jekyll and Hyde）一词成为心理学上"双重人格"的代称。——译注

阿图尔·施尼茨勒（Arthur Schitzler）："我们总是在表演，但是只有有智慧的人知道这点。"

这是真的。我们经常不得不扮演角色——比如故意展示你最好的行为——但是那些强迫性的、操纵的角色扮演取代了诚实的自我表达，如果你想要成长，这些就可以并且必须被克服。

角色扮演的两种极端是嗜好和假装。

在第一种情况下，你把角色当成一个载体使用，负载你的本质。你得到你的技术、真诚的感受和敏感的支持。你是一个N型人。

在假装的情况下，你缺乏这种自我投入。你伪造出一种存在的情绪，你缺乏对自己能力的信心。简而言之，你是一个骗子。

从精神科医生的角度而言，最重要、有意思的角色是内摄的角色。弗洛伊德没有区分内摄和复刻，复刻是一个学习过程。

一个内摄犹如附体的阴魂。有人占据了患者，并且通过他存在。附体的阴魂，像任何真正的内摄一样，是患者体内的异体。他不是像一个可以被遇见的人那样存在于外部区域，相反，他占据了中间区域的很大部分。患者不是与自体调节和主导的图形/背景相呼应，而是被附体的阴魂的需要和要求控制。除非附体的阴魂被驱除，否则他不能进入自己。

大约十年前我发现了一种附体的极端情况，发生于美国心理学协会（American Psychological Association）在旧金山举办会议期间。工作坊的一个成员面如死灰，脸部像蜡塑的一般。他看起来像一个脑炎患者，但是没有红核[①]受损的症状。他的整个行为

[①] 红核（red nucleus），人体生理学名词，位于中脑的被盖部（占据被盖大部），为圆柱状的细胞柱，自上丘下缘延伸至间脑的尾部。——译注

和气息都向我传递出一种尸体的感觉。我过去常常依赖我经常不可思议的直觉，于是问了他是否失去一个亲爱的人。结果，非常准确，有人突然离世，没有哀悼的工作——用弗洛伊德很棒的术语说——没有眼泪和"再见"，没有分离，没有葬礼。那个人继续他的存在，不是像通常那样，以性格特征、行为方式和思考的方式存在，而是以一具尸体的方式存在。

我让他和附体的阴魂相遇，调动他的悲伤，并且说再见。我们当然不能够在一次咨询中完成哀悼工作，实现充分的闭合，让症状消失，但是他变得更加有生气，尽管没有完全活过来。他的脸颊不再是蜡质的了，尽管颜色还没有恢复正常；他的步伐变得更加有弹性，尽管他还没有准备好跳舞。

参加这个团体的心理学家之一是威尔逊·范杜森（Wilson van Dusen），一个存在主义心理学家。他建议我去西海岸，去门多西诺（Mendocino）州立医院做一些工作。我拥抱了这个建议。我想离开迈阿密。马蒂拒绝了和我结婚的想法。我年纪太大了。她不想放弃婚姻的安全感，也不想危及她的孩子的伪安全感。

我在旧金山有个公寓。我的两个追随者跟着我，否则的话我做不了多少事情。我在医院从事我的工作，也不介意开车一百英里通过美丽的红杉区。在那里我开始喜欢保罗，一个热爱耕种和养孩子的精神科医生。我相信他现在有十一个孩子了。我们玩过一些非常令人兴奋的国际象棋游戏。

一开始，我和威尔逊关系密切。我们彼此尊重。我喜欢他的孩子，我经常在他家留宿。偶尔地我坐在他的摩托车后座上。年轻的时候，我有两辆摩托车，但是和这把年龄坐在摩托车后座上（我当时大约65岁）是完全不同的。一开始我很害怕，很紧张，但是很快我就放松了，并且享受骑行。有一次（我不记得什么情况），他的妻子朝我扔东西，还摔碎了我的腕表。

在医院工作期间，我熟悉了LSD，相当频繁地使用，没有意识到我渐渐变得很偏执并且容易被激怒。无论如何，威尔逊和我变得很疏远，我很快搬到了洛杉矶。我最近又看到他了，几天以后他解冻了，我们又感觉很好，感到彼此温暖。

他的贡献之一是发现精神分裂症患者的人格中有洞。在同一篇文章中，他提到存在主义精神科理论缺乏实践性和合适的技术，而我的理论提供了这些。之后我认同了他关于洞的想法，发现这点也适用于神经症。一个神经症患者没有眼睛，很多人没有耳朵，其他人没有心、记忆或者站立的双腿。大多数神经症患者没有核心。

实际上，这篇论文是弗洛伊德的狭隘概念，即神经症患者没有记忆这一观念的继续发展。他具有空白或者失忆，而不是拥有记忆。弗洛伊德不仅仅因为患者不完整的发展，也为他的"见诸行动"而责备失忆。

我和威尔逊提出，还有更多的洞造成患者的不完整。一个人可能有很好的记忆，但是没有自信、灵魂或者耳朵等等。这些洞可以消失，但消失的方式不是被"过度补偿"填满，而是把贫瘠的空变成盈空。做到这点的能力再次依赖于对"空无"的理解。贫瘠的空被体验为没东西，而盈空是有东西浮现。

在我年轻的时候，我把弗洛伊德当成我现成的救世主。我被说服，相信是自慰破坏了我的记忆，弗洛伊德的体系是以性和记忆为核心的。我也被说服，相信精神分析是唯一的治疗手段。

我们管一个承诺痊愈但是不提供实物的人叫江湖骗子。弗洛伊德是一个真诚的科学家、一个出色的作者和很多"心智"秘密的发现者。我们之中没有人——可能弗洛伊德本人除外——意识到将精神分析应用于治疗的不成熟之处；我们都没看到与情境相匹配的精神分析。我们没有看到它真实的样子：一种研究项目。

如今我们花了很多年和数百万金钱，用于测试每种进入市场的药物的安全性和有效性。精神分析在这方面却没有做多少，不管是因为没有这样的测试，还是因为分析师自己恐惧于让自己的方法被测试。政府对药品非常严格；不同的州对给心理治疗实践者颁发执照非常严格；然而通过一种不成形的免试条款，精神分析在形式和名称上都逃离了官方的审查。

一个神经学家向我抱怨他记忆力不好。我发现他失去了一段三年左右的记忆。这三年和不快乐的婚姻重合。

此处有一个关键点。压抑不是他失忆的原因，而是他导致自己对痛苦记忆恐惧态度的目的与手段。为了确保这点，他不得不排除任何发生在这三年中的东西。现在，弗洛伊德会同意我的看法，恢复是不够的，尽管他也主张整合会自然发生。在这种情况下，他会说患者需要"修通"他的状况。

当然，只要患者阻挡自己的记忆，他就在维持不完整的格式塔。如果他愿意经历不开心和失望的痛苦，他就会获得一种闭合；他会出现怨恨的词语，并修复自己的记忆，包括所有与不开心的婚姻不直接相关的记忆。

罗拉，像歌德一样，具有摄影记忆。具有摄影记忆的人只需要闭上眼睛看他们的图片，这些图片会告诉他们像照片一样精确的故事。我用裸盖菇素（psilocybin）可以获得这样的记忆力，它是一种从蘑菇中提取的心理迷幻剂。

大多数人在睡前具有这类体验。我只有在骑摩托车或类似体验之后具有这种体验。我的视觉记忆大多数是像雾一样模糊的，我的催眠性幻觉（入睡前的意象）大多数仍然带有精神分裂的性质。它们是一种晦涩的语言，像梦一样，一旦我希望用清醒的智力抓住它们时，它们就消失了。我怀疑这种记忆迷雾和我的吸烟行为是相互联系的。除了这种随意的猜测，我目前没有对它做任何事情，但是我知道我也会解决这个问题。

首先，一开始的无聊，即写作的原动力，已经变成兴奋。然后，我看到得更多、更好。大多数进入运动系统（见诸行动）的兴奋，比如自慰和具有攻击性的人，没有流入感觉系统。我现在越来越满足于观看和倾听。

最后，我注意到上个月疲劳感在增加。作为一名治疗师，患者用催眠性的声音湮没我或者不和我接触的任何时候，我都习惯于后撤到一种半睡半醒的状态，几乎很少进入彻底的睡眠。最近我后撤得少了，更多地待在中间地带，直到最近我才和我的疲劳及世界保持接触。这两者都整合成了一种倾听，比以前更准确。

一旦关注我青春期时期的记忆缺陷，就会发现其实它不存在。我犯了同一个错误，就和我之后常常犯的一样。当我应该怨恨其他人的时候我责备我自己。我在历史日期和拉丁语单词方面记性很不好。这两个都是脱离环境的、奇怪的、不熟悉的东西。换句话说，我的坏记忆其实是一个好事情。去学习这些词汇这样的事，枯燥而重复，也就是说，是一种复制品。我已经证明了在一个有意义的情境中我吸收兴趣材料没有困难。我举了一个我学习英语的例子。我的词汇量不是特别大，但是足够用了并且能讲到点儿上。

洛杉矶的情境并不困难。我之前在那里待过，那是在1950年。这在职业圈子里已经是一种兴趣扩散。吉姆·西姆金已经成为加利福尼亚的第一个格式塔治疗师。

吉姆对格式塔取向的兴趣要追溯到大学时期。他在纽约接受了我和罗拉（罗拉已经把名字美国化了）的培训。现在，离开了培训，在一种更加社交化和职业合作的情境中见到我，一系列的困难就显现出来。他很公正，正直，过分精确，非常热爱内部的小型圈子。他和安（Ann）——他的妻子，具有强烈的犹太背景，目前仍然参与犹太教活动。我知道，尽管我的方式草率又随意，他还是尊重我的天分。几年时间过去，他变得更加自发而开放，并使用他的精确，形成自己具体而成功的格式塔治疗风格。我们最终成为很好的、彼此信任的朋友。

我对工作的兴趣增加了，但是我没有感觉到被接纳。甚至是那些与我成功进行工作的专业人士，也小心地防止自己认同格式塔治疗，或者认同那个疯狂的家伙——弗里茨·皮尔斯。

在我的团体里面有个人参与了一种"放屁"的事情——瑜伽、按摩、治疗、夏洛特·塞尔弗（Charlotte Selver）的感官觉察。他的名字叫作伯尼·冈瑟（Bernie Gunther）。他是一个很棒的企业家——不是很有创造力，但是具有综合和把不同的资源进行合理利用的能力。他像比尔·舒茨（Bill Schutz）一样，能让人们兴奋。我不怀疑他会走上巅峰。

他在洛杉矶为我安排了一些讲座。我很吃惊，座无虚席。我还没有意识到格式塔治疗开始站稳脚跟。

1963年的圣诞节，他建议我参加在加利福尼亚中部，一个叫作伊萨兰的地方举办的工作坊。

伊萨兰正如弗里茨·皮尔斯之矢的靶心。一个风景可媲美以拉他、员工可媲美京都的地方。一次教学的机会。这个吉卜赛人找到了家，很快建了一座房子。

他还发现了一些其他的东西。一颗受伤的心喘息的地方。

现代人生活并且穿行于具体和抽象两个极端之间。

我们通常通过这些东西来理解具体事物，事实，一些每个人都熟悉其原理的过程、术语，以及每个人的周围世界（Umwelt）——环境、个人世界、他者的区域、外部区域。

如果一个或更多的人在一起，那么他们的个人世界在很大程度上是一致的；周围世界变成共同世界（Mitwelt）——一个共同的世界、共享的环境。在表面上，他们处理并认同同样的事实和事物。

一旦我们更深入地探究，就能识别出这种过分简化的谬误之处，因为很多事情和事实对我们每个人而言具有非常不同的意义，这取决于我们每个人完成不平衡导致的未完成情境所需要的具体的兴趣和需要。

拿一家人热切期盼的周日报纸为例。如果没有对报纸的多种兴趣就不会有冲突。实际情况是，爸爸拿到第一个版块，妈妈看女士专栏，成熟的女儿想要文学部分，大哥哥抓住体育版块，精神贫乏者获取喜剧版块，政治家获取世界评论。

这不是一个关于抽象的例子。报纸被具体地分成块儿，在家庭成员之间分配。

现在我们看一下小广告。除了校对员，真的有人会读这些广告吗？麦克卢汉（McLuhan）说所有的广告都是好新闻，它承诺，如果你跟随就能实现自己的愿望。这一次，家庭成员把这一部分晾在一边，只抽取感兴趣的部分。你有选择。你可以剪下广告的部分，这种情况下你是减除，报纸比之前小了。或者你可以抽象，通过复刻或者记忆的方式，然后把报纸丢在一边。

如果你复刻广告，这个复制品属于"OZ"[①]；如果你记住它，它进入"MZ"[②]，如果你为自己的心智而感到开心，它甚至到达了"SZ"，也就是自体区域。

在这一点上，我不想谈论抽象的层次和经济性。我们已经具备了下一步所需要的东西，但是我想要说一下，抽象程度最大的是数字，在数字里所有的具体东西都被剥离，每种特点都被删除，只有事物、事实或过程的数字被留下。

在数字游戏里，不可能变成可能。比如，一个生活在南非的人每天可能被蚊子咬 1.2 次，如果他生活在肯尼亚的话，他被咬的次数将大幅增加。

让我再重复一次我们的字母游戏。我们有代表有毒的"T"和代表滋养的"N"。我们有代表区域或者事情发生的位点或位置的 Z。这种位置分布被叫作地形学。我们粗略地区分了"OZ"，即外部区域，以及"SZ"，即自体区域。这么说吧，这个位置在皮肤里面，我已经提到过在"SZ"里面有一个"DMZ"，它阻止自体和他者之间的直接沟通，阻止我们的"在接触"状

[①] 即"外部区域"。——译注
[②] 即"中间区域"。——译注

态。"DMZ"经常被叫作"心灵①"或者意识,这两个说法令人困惑:说的到底是什么。如果我感觉到痒,那么我意识到它了,但是如果我说痒在我的心灵里,我就可能被指责为疯了。基督教科学派利用了这种困惑。我经常通过他们的困惑类型,认出基督教科学派的人和他们的孩子。

旧金山的追随者中有一个中年妇女,她从迈阿密一路跟过来,当时处于分裂的状态。她在一种基督教科学派和严厉的道德氛围里浸泡长大。她接收的每个信号都立即被扭曲并服务于妄想系统。

如果我们把这种"心理"叫作幻想,使用这种觉察理论,那么我们正站在坚实的现实基础上。"幻想"这个词在格式塔心理学中具有重要的位置。它对于我们的社会存在而言是至关重要的。它对于我们社会层面存在的重要性,如同格式塔形成对于我们生物存在的重要性。

把幻想和理性对立很常见,这意味着幻想或者想象是一种"放屁"一样的东西,而理性被看作清醒的典范。我把"幻想"和"想象"当作同义词来使用,尽管"想象"有更主动的含义。

我想去度假。所以我开始计划。这个计划过程是理性的幻想。我可能使用来自外部区域的一些工具,比如地图、旅行社的建议等,但是我幻想的是参与的形式、需要和记忆。然后我缩小或者扩大我的幻想,直到在幻想中或者联合旅行社共同做出一个符合我的需要、时间和钱包的计划。

---

① 原文为"mind",这个词中文有多种译法,比如"心理""心智""心灵""头脑"等,本段依据语义,有时候译作"心灵",有时候作"心理"。——译注

我之前提到过所有的理论和假设都是幻想，只有当它们符合可观察的事实时才是有价值的。

换句话说，理性幻想就是说："他的心智是清醒的。"

读者："好吧，弗里茨，这里我可以听得懂。那么记忆又是怎么一回事呢？你似乎把它也包括进来了。如果你把幻想和记忆混在一起，那么你要么是混乱的，要么是个骗子。"

说得对。我们说的是可靠的记忆，这已经为一般的应用留下一丝悬念。背后的论点是每个记忆都是来自一个事件的一种抽象。它不是事件本身。如果你读一份报纸，这张报纸本身属于外部区域。你不会吃掉、吞下、消化这份报纸本身。而且，你会选择你感兴趣的内容。进一步，被报道的新闻经过了新闻报纸政治信念的歪曲。再者，有多少新闻的出现是记者的观察力、他的机会，甚至可能是他哗众取宠的需要选择出来的？

读者："我同意，但是如果我体验过，我就可以记得非常清楚。"

你记得多少你的体验？你歪曲了多少？你记得多少语音语调，多少犹豫的语调，你记得多少？你有没有吞下整个事件，或者能够在现实中回到那个事件？——这是可能的，因为事件是过去，而回溯是现在。这种回溯已经给了我们很多——更少的歪曲——材料而不是定格的记忆，事实上记忆会被当下喜欢或者不喜欢的立场歪曲。

有很多关于偏见和记忆选择性（比如，对事件的观察）的研究。我希望你看过《罗生门》，那样你就能体验到每个人根据自尊系统的需要，对同一件事情的解释有多么不同。

换句话说，甚至最可靠的观察都是一种抽象。我已经可以看到我不得不写更多页才能写清楚幻想的关键地位。

在精神分析中，最重要的幻想是患者意识不到自己是非理性的。最极端的案例可能是一个偏执型精神分裂症患者想象并且真的相信医生要杀死自己。为了防止被杀，他进入了外部区域。也就是说，他真的枪杀了医生。

我们中的很多人具有灾难性幻想，不愿意费心核对其合理性，变成恐惧症患者，不愿意承担冒险的责任。

我们中的很多人具有万事大吉式幻想，不愿意费心核对其合理性，变得莽撞，不愿意承担合理的谨慎。

我们中有些人具有灾难式和万事大吉式幻想的平衡；我们有勇有谋。

幻想中上演的角色和游戏花样无穷，从极端的自我折磨到无限的愿望实现。

我希望我可以停在这里。然而我还得继续那个抽象，制造了"心灵"存在的那种抽象。

我昨天晚上写到这里，醒来的时候带着一种怨气。"不，我不要搞长篇大论。我不要进入一种对抽象进行抽象的'词语'的后果。我不要进入那些细节——把思考看作默读的讲话，就像在幻想中说话一样。"

我想说，我是多么吃惊，每当我想写一个东西时，出现的都是另外一个东西，从我的垃圾桶里（这次我承认是心灵）拉出一些老家伙，然后我学习到了一些新东西。我甚至愿意承认我的垃圾桶根本不存在，我只是造了个词来玩我重新定向的游戏。又一次，我看向四周。我的桌子不像平时那样堆积如山般凌乱了。我是想写伊萨兰，还是穿上衣服下楼，到小屋吃早餐？

"穿衣服"听起来滑稽。我穿着睡衣，我要做的就是穿上我的连衣裤，我最爱的衣服。我有很多套。最好的是用毛巾布做的，特别是去温泉的时候非常好。

我很少步行下到小屋。我使用我的菲亚特，比大众短 18 英寸。我管它叫婴儿汽车。我的房子坐落在浴场上方大约 300 英尺的位置，正好在悬崖上。它深深地嵌入山里，所以它既能鸟瞰数千英里的海面，又能看到粗犷而又温柔的悬崖挡住海水躁动的呜咽，削弱它，不肯多给温和地祈求的海浪几块岩石。

你无须走出房门。你沉浸其中，不是像以前一样，进入不可触摸的自然，而是进入一种混合的壮丽景色——自然石阶延展到圆形石墙、小屋和下面的汽车。

从小屋向上爬或者向下走对大多数人来说不费力。对我来说，却是费力的。我平时开车下去。从那里到浴场和下来的距离差不多，但是我需要走路。慢慢地，爬坡对我变得容易一些。有时候我可以不过度耗费我的腿部肌肉和心脏就爬上去了。

当我第一次到伊萨兰的时候，我的心脏状况非常糟糕。

我想写一写我的心脏。我正在酝酿一个开头和一种理解。垃圾桶变成了旋转木马噩梦。裸盖菇素的旅程和它们的内容：靠近死亡，靠近死亡，放弃。不！活过来，回来。

旋转停了。我回到了战壕里，1916 年。不，不在战壕里了。我在军队的医院里。离开了凄惨、猛烈的战火。我遇到了一个好人，我们的新医生。我们谈话，他想要了解反犹太教的事情。对的，非常多的事，甚至是战壕里的事。但是大多数和军官有关。

我们的连队被调到前线的另外一个部门。我得了流感，发着高烧。他带我去医院。我有了一张真正意义上的床。两天以后他探望了我。我适合继续吗？发烧更严重了，发烧是真的，不是伪造的或者冒充的。但是一旦我离开危险区，体温就下降了。

第二天，我从一个梦中醒来：我的家人——前景中是格雷特,我心爱的二姐——站在我的墓地周围,求我活过来。我用力,我拉扯,我使出九牛二虎之力,终于成功了。慢慢地,慢慢地,我醒过来了,愿意——不是特别愿意——放弃死亡,相比于战争的恐怖,死亡是更怡人的选择。

我已经成功地让自己坚硬和麻木,但是仍然有两种死亡我几乎不能面对。

一种是袭击后的敢死队。当毒气到达敌人的阵线之后,他们从壕沟里爬出来。他们配备着一种很长的弹性锤子,用锤子敲打并杀死那些有生命迹象的人。我一直搞不明白他们这样做到底是为了节省弹药,回避被注意,还是出于纯粹的虐待的乐趣。

另外一种只发生过一次。早上我们用催泪瓦斯测试了我们的防毒面具。一切似乎都正常。那天晚上我们进行了另外一次毒气攻击。最后一次检查钢气瓶。气象兵测试了风速、风的稳定性、风向。

一个又一个小时过去了。昨晚攻击取消了。今天晚上呢?一个又一个小时过去了。我不是很紧张,我坐在我的掩蔽体上,读着一些高深的东西。最后风的条件似乎合适了。打开阀门!黄色的云雾爬出了战壕。然后突然一个旋风。风向变了。战壕是"之"字形的。我们自己的战壕可能会遭到毒气攻击。我们的确被攻击了,很多人的面具失效了。很多很多人,从轻度到重度中毒,而我是唯一一个医疗兵,我只有四个小氧气瓶,每个人都绝望地想要氧气,抓着不放,我不得不把氧气瓶从一个人手里夺过来,好给另外一个士兵一些安慰。

我不止一次地想要把面具从我满是汗水的脸上扯下来。

1914年,当战争爆发的时候,我已经在学医了。我的军队医学考试结果宣布我"适合冲锋队",甚至在"适合储备"之下。

我驼背非常严重，心脏下垂，一颗狭长、弱小的心脏。我在需要耐力的运动上有困难，我喜欢与平衡有关的各种类型的运动。

我没有心思成为士兵和嗜血的英雄。所以我志愿成为一名红十字会士兵，在战斗区外服务。大多数时候我待在柏林，继续我的学业。在一次去蒙斯（Mons）的四周旅途之后，在比利时边境，我受够了，溜出去了，只是我不知道这是件大事，我以为红十字会是一个半私人的组织。当我被抓住的时候，我假装腿不好，装瘸装得非常业余。我被带到施莱希（Schleich）教授那里，他是少数我尊敬的人之一，甚至排在格罗德克（Groddeck）前面，格罗德克是一个对身心医学感兴趣的人。他给我进行了腹膜下注射，太痛了，以致我宁可把它当作一次治疗。

我们坐一辆很慢的火车去蒙斯，总是要停下来等前线部队和弹药过去。没有吃的。我非常疲惫，睡得太沉，以致在被他们吵醒之后花了好几分钟才清醒过来。简直不可思议。我盯着他们看，盯着一串车厢看——完全地非人性，没有感受或者意义。

在蒙斯，我的职责是车站值班员，给从前线搭火车回来的伤员发放咖啡和其他点心。当我想给受伤、痛苦的英国大兵一些水时，受伤的德国兵不许我这样做。我第一次品味到战争的非人性，被震惊了。

有一个比利时女孩爱上我了，勇敢地不理会她邻居的蔑视。她非常有激情，总是请求我："别参战，亲爱的，别参战。"那个时候我法语非常好，经常做口译员，尤其是后来我在军中做翻译。

1916年，前线陷入僵局。越来越多的人被召集到前线。我有个朋友。我将会更多谈到他。现在我记不得他的教名了。他的姓是克诺普夫（Knopf）。我们决定志愿参军，在我们被征召之前。他选择了补给旅，在一次意外中丧生。我选择了飞艇部队，这支队伍配有齐柏林硬式飞艇，其实飞艇在战争中的作用微乎其微。

我们排的中士非常喜欢我。因为我是医学生，他对我另眼相看。"无论如何你不会在这里待很久。你会被转移到医疗队。"但是我的射击技巧更让他印象深刻。当上校来检查的时候，他把我放到射击台上。事实是，在俯卧位、有地面支持的时候，我是一个好射手，但是在站立位置我不是很稳。

最丑陋的事情发生在我和我们的中尉之间。为了资助战争，国王制造了这样一句口号："我以黄金换钢铁。"我们得到承诺，每上交一个金币就可以离开一天。我最终攒了四个十马克金币。当我请求离开的时候，我被打发去见中尉，然后收到了这样的回复："别不识趣儿，你这头笨猪。你应该为服务你老子的土地感到高兴。转身，前进！"我遇到过几次有这副德行的德国军官。全世界没有哪个人种具有他们那种独眼龙式傲慢。

关于战争的叙事我写累了，也烦了。我期待一些令人兴奋的事情出现。一些理论、一些诗歌，但是我卡在我的承诺即只写出现的东西里面了。毕竟，没有人可以决定他的屎被排泄的序列。

然而自然中有法则和秩序。排泄物是由未使用或者不能使用的食物剩余物累积而成的，它们或多或少地与进食的顺序有关。被消费的食物和排泄物的区别是能否为有机体提供营养。它已经被同化；它已经成为自体的一部分。从外部区域到自体区域的过渡已经完成。

弗洛伊德系统无效的原因之一是，它遗漏了同化这一事实。弗洛伊德卡在了食人族式的心态上，幻想着吃掉一个勇敢的战士就能给他们勇气。

弗洛伊德有一个口唇区、一个肛门区，中间什么都没有。

我起得很早，继续这一节。我不喜欢"它"。读起来非常憋气，就像小学生作文——口唇区和肛门区——憋气，憋气，憋气。为什么你不直接说：弗洛伊德，你有嘴和肛门（asshole）。一张很大的嘴，我也是。你是一个混蛋（asshole），我也是。我们都是浮夸的笨蛋，把自己看得很重。我们必须为人类制造一些宏大理论。

我已经受够了。让我们把整个垃圾桶都丢进一个超级垃圾桶，并且和它做个了断。

上位狗：弗里茨，你不能这样做。又一份没有完成的手稿。不管读者如何，不管出版商如何，你曾有过兴奋、新的洞见和发现。万一其他人从中有所收获呢？

下位狗：这不是重点。我已经沉溺于词语，我开始进行选择。我看到的、想到的和记住的东西被用语言表达出来，从作者的角度被审视。今天早晨我感觉接近于神志不清了。词语像白蚁一样在我身上爬。

上位狗：我的建议就是你要继续。你曾经有几次令词语、感受和想法以诗的形式出现。如果你卡在言语和非言语间，那么使用你的理论，看一看你的僵局。

下位狗：纪律和强迫自己不是我所布道的。

上位狗：谁说布道了？你自己一遍又一遍地说——精神疾病不是恐惧性行为的结果。你一遍又一遍地宣称，尽管他有那么多发现，弗洛伊德还是不能完成他的工作，因为他有严重的恐惧症。现在你自己开始恐惧了。现在你在回避烦劳或者对你虚荣构成威胁的可能轻视。

下位狗：你说得既对也不对。的确，当神志不清的时候我恐惧。我不想疯掉。

上位狗：立即停止你的胡话！你知道你接近疯的边缘了。你知道你有胆子再做几次，继续到达神志不清的边缘。你知道你的梦是分裂的。你想要探索精神分裂。你知道你是如何用所有病理性的部分努力发展出一种很多很多人都嫉妒的存在。你在这个世界上的大多数角色还没有完成！你开始设想历史地位了，至少在心理学界，也许还有哲学界。

下位狗：吧啦，吧啦，吧啦，叭叭叭叭啦。

上位狗：现在弗里茨，不要惹怒我。不要扮演恶毒的顽童了。

下位狗：哈，哈，哈，哈！我逮到你了。我可以扮演老师，我可以扮演性感尤物，但是我不可以扮演恶毒的顽童。

上位狗：好吧，你对我太刻薄了。那你爱做什么就做什么吧！

别担心。我会的。在这个对话之后我感觉好多了。我会假装背景里面没有原子弹，我会永远活着。这点至少给我的写作减轻了压力。

我会从一个对逐步塑造取向的主流行为主义学家的攻击开始。著名的反射弧，活着的刺激-反应单位，或者是自动售货机的机制。有了反射弧、向内的传感器和向外的运动器单行道系统，我们就是被造出来的无责任的机器人，准备着被按按钮的人操纵。的确，在更低水平上我们具有很多自动式反应，就像当我们痒的时候，就开始挠。但是，仅仅是我们可以压制挠的冲动就说明这其中有觉察的参与。

只要涉及条件反射，就已经清晰地显示了——它们如果没有被使用，就会随时间消失。

我想带你们做个实验。我们有三个盒子：一个小号 s，一个中号 m，一个大号 l。

现在我们拿出 s、m 和一只动物。我们每天放食物到 m 里。很快动物就不会费心去研究 s 了，它会直接奔向 m。

现在我们用 l 替换 s，预期这个动物会像往常一样去自己的进食地点 m。

但是它没有。它去了 l 那里。从这点我们就可以得出它具有一种定向，更进一步讲它具有一个格式塔指导的定向：它会去更大的盒子。它理解排列。

我们现在不仅可以丢下反射弧理论，而且可以用一个整体性的有机体概念取代它。

每个个体都具有两个系统，向外接触并与世界沟通。一个是各种感觉、感官系统、觉察、发现的手段；一个是为定向的目的而存在的系统。

这个系统不会导致向内的反射；世界的画面或者声音不会自动进入我们，而是带有选择性。我们看不到，我们用眼找寻、搜寻、扫描一些东西。我们不是自动听到世界的声音的，我们去听。

如果前景图形非常明显，如果我们被某些场景或者声音吸引，背景就会消失。

这同样也适用于运动器，即肌肉系统，我们用它接近、抓取、破坏、玩耍，并且应对世界。

两个都是合作的和独立的。看的时候我们移动眼球和头。听的时候我们竖起耳朵，头转向声音的方向。我们甚至疲于看和听。

读者：听起来非常有道理，但是我发现你的理论不一致。首先，你说一切都是觉察，现在你却把觉察留给感官系统。

不是的。我没有不一致。感觉负责对环境的定向，朝向外部区域。每个有机体都具有大量的内部感觉帮助其定向。当我们应对的时候，我们测试不同任务需要的肌肉的收缩力度，以及付出的努力。我们收集每个器官甚至每根骨头的信号和状态，尽管大脑组织的觉察似乎最低。

我们定向和应对的伪分区——实际上是合作性的——赋予我们更好地为人和文化的关系定向的能力。人已经拓展了两个系统。为了促进定向，我们发明了显微镜和望远镜、地图、雷达、哲学和百科全书等。为了促进应对，我们发明了符号和语言、工具和机器、计算机和传送带等。

反射弧理论没抓住核心。依靠向外的定向和对世界的应对，我们才具有了一个中心。对我们存在的责任取代了无感觉的机械性。

到目前为止，对人类潜能最重要的拓展是发现了理性，包括逻辑、测量和其他数字游戏。同样重要的是对幻想的使用和滥用：一项被建设性或破坏性使用的发明——丰富或削弱人类与美的关系。宗教与道德准则解放和限制人类的互动，是一种幻想和理性的混合体。好和坏的纯粹性需要被分类加以否定。

上位狗：你坐在这里干吗？在思忖什么呢？我知道你憋了一些和伦理相关的点子。

下位狗：是的，我有点子了。但是现在是午夜了，而且我累了。我不想继续了。我对我的感觉运动系统的展现感觉很好。

上位狗：好吧，去睡觉吧。

下位狗：我太懒了。我想吃个夜宵。

上位狗：好的，现在你看看，当你让特迪拉走冰箱的时候你到底做了什么。

下位狗：那次突然的噪声干扰了我们的音响系统。我们有一连串的嗡嗡声就够受了，波涛的声音，会议中心的回声。我买了很多昂贵的设备来进行影视探索，我们和技术困难进行了持续的缠斗。我经常感觉人类是机器的奴隶。经常是，正当我们最需要视频录像的时候，它出岔子了。

上位狗：可怜的弗里茨。如果我明天有空的话，我会为你感到难过的。

下位狗：自作聪明。我知道我不需要参与所有这些，但是想象一下，如果我们有弗洛伊德、荣格和阿德勒的磁带和影像。不是很有趣吗？我们就不需要猜测，而仅仅用语言描述了。你了解吧，上位狗？我开始感觉和你在一起很舒服了。从现在开始我要用"T"称呼你，用"U"称呼我自己，我们会在一起有很多对话。

上位狗：接受了。现在你的"读者"怎么办？

下位狗：我可能把他们很多的说法放在你身上。你就是我，也很可能就是读者，因为他主要存在于我的幻想中。

上位狗：很好。从现在开始我会让你更贴近。你抱怨过你的录像机。你似乎不喜欢小机器。

下位狗：相反。到我的垃圾桶里面看看。这个是我装的收音机，这些是相机、电影摄影机和暗室设备。这是从南非来的好东西。七只脚的张开机翼的飞机，带着一个小马达。它真的很流畅。这是一个我为之骄傲的发明的模型。

上位狗：它还有一个螺旋桨。这是一个飞行引擎吗？

下位狗：并不是。它是一个单冲程引擎。它非常简单，由几个移动部件组成。你在螺旋桨轴的每一边放一个双冲程的引擎。

你用一只引擎让活塞升起来，用另外一只使之降下来，然后沿着正弦曲线旋转螺旋桨。

上位狗：这对我来说太技术化了。能飞吗？

下位狗：机器模型可以。我有燃气机的图，但是从来没有造出来。

上位狗：你申请专利了吗？

下位狗：没有。我从来没有为这个烦心。一旦我看到它可行，立刻就满意了。

上位狗：你真蠢。你本来可以大赚一笔的。

下位狗：搅和进那些繁文缛节和协商，变成一个制造商，失去自由？算了吧，先生！

上位狗：你的垃圾桶里还有其他发明吗？

下位狗：有，一个好东西，但是不能获得专利。

上位狗：是什么呢？

下位狗：一个过滤器。

上位狗：这不是你的发明。它早就有了，已经被生产出来了。

下位狗：是的，但是你总需要手边有一个替换的，会引起额外的麻烦。

上位狗：那种沃特福香烟呢？它们有一个小球，你在滤嘴儿那里把它捏碎，然后滤嘴儿就成了过滤器。

下位狗：你说得挺接近了。我已经好长时间有没看过沃特福的广告了。缺点是，你没有别的选择。你被限定在这个牌子上了。

上位狗：你现在让我真的好奇起来了。你的发明是什么？

下位狗：我发明了一种让每个滤嘴儿都可以变成过滤器的

方式。

上位狗：你是怎么做到的？

下位狗：我吹了一些唾液进去。

上位狗：我觉得你把我当傻子。你们这些下位狗，任何你不怕我们的时候，就是你们嘲弄我们的时候。

下位狗：不，不是的，这次不是。我承认我们是好对手。当你们上位狗想要用欺凌和威胁控制我们的时候，我们用"明天吧；我已经很努力了；我忘了；我保证"来控制你们。你不得不承认下位狗经常赢。

上位狗：那么你这个发明的价值何在？

下位狗：我自己用。一定不能吹太多唾液，如果太多的话烟纸会变湿，烟嘴儿就会掉。水分会冷却热气，烟气就是携带着最多有毒物质的东西。吸烟就变得温和一些。不信你自己试一试。

上位狗：放什么屁？别抽就好了。你说过你的心脏不好，你知道抽烟对心脏多不好吧。

下位狗：全能的神啊！我们非得再扯到这里吗？任何一个不能找到其他东西攻击我的混蛋都拿抽烟攻击我。没有，我没说过我的心脏现在不好。我说过我的心脏曾经不好。我已经好多了。

上位狗：我们应该从哪里开始？从吸烟开始吧，如果你认为它会令我感兴趣的话。

下位狗：你能不能停止嘲讽？我们现在拉拉扯扯地结合了，直到遇见编辑才能分开。

还是男孩的时候我们有一个秘密会面地点，在后院的地下室。我们在那里吸烟，拉大便，宣布独立于成年人。我那个时候八岁，在战争结束的时候停止吸烟。当然，我的同志们许可我不吸烟，他们会拥有我的份额。当和平爆发——不，当休战协议出现的时候，我困惑极了。这档子事结束了，我很开心，尽管我处在一个相对舒服的位置。我当时已经是一个医疗中尉，我们军官吃得不错，花的是整个连队的费用。我的猪上校是个酒鬼。我们储备了一些好的巴勒斯坦葡萄酒。每个月我都被派去柏林抓他回来，喝上几瓶酒。

"这听起来不太可行。你意思是必须从前线大老远跑回来，就为了几瓶酒？"

不是必须，但是我喜欢。大多数时候我把它变成每周的休假。作为一个军官，我会为我饥饿的家人带回食物，牺牲我自己的份额。作为一名军官，我乘坐软垫车厢。

当我在战壕里待了九个月后第一次回家时，上床后，我开始恐惧。我觉得我要穿过床掉下去了。与老鼠为患的壕沟里那点秸秆相比，床真是太软了。

有一次我获得了一张皇家歌剧院的《费加罗》演出票。我被它的美打动了，它与战壕的肮脏和痛苦形成对比，我不得不离开剧院到外面痛哭流涕。我的人生中已有十多次被情绪深深撼动，这是其中一次。

"你之前说你在战争的后半段挺舒服。"

傻。床和歌剧是很久以前发生的事情。它们发生在我第一次休假时。那时候我还是一等兵。

失败之后我们每天行军二十小时。几乎没有进食。正是在那时候我开始抽烟，而且之后再也没有停止。

洛伊施克（Leuschke）教授，一位大学教授，为我做了两年的胸膜炎治疗，告诉我十根没有深吸的香烟等于一根深吸的香烟。自从那以后我很少完全吸入。

1963年在洛杉矶的时候我的心脏可是给我添了不少麻烦。我犯了心绞痛，疼得要命，我都开始严肃考虑自杀了。丹齐格（Danzig）医生，我美丽、温暖、富有人性的心脏学专家，发现了心脏的严重失代偿。药物治疗带来了一些改善，但是疼痛继续。我宁可杀了我自己也不要放弃抽烟。

　　然后我发现了伊萨兰，我的心脏得到大幅改善。两个主要因素是：我离开了洛杉矶的雾霾，以及我和艾达·罗尔夫（Ida Rolf）的治疗。

　　现在我不停地抽烟，主要是在工作间隙。我抽温和的香烟，有时候甚至抽布拉沃（Bravo），干巴巴的东西，我也很少吸进去。我知道一旦我去除了自体意象，就可能会放弃这个肮脏的习惯。我知道目前的写作已经把我带到了这个点上。我知道我不是怕死，因为我没有那么在意生。我知道还有更多的我隐藏在抽烟屏幕后面。我必须成为我的理论的活生生的证据。

　　"你引入了一个新的名字：艾达·罗尔夫。她是怎么帮助你的？"

　　用她的躯体再条件化。我还没有准备好讨论"肘夫人"的工作。让她在垃圾桶里再多待一会儿。她也经常让我等上好几个月。

　　"你说她的工作是躯体再条件化。这听起来仿佛你突然服从了心理/身体二分法。"

　　不，我没有。有机体是一个整体。就像你可以抽取出生物化学的、行为的、体验的功能等等，作为你感兴趣的特定侧面，你可以从不同方面接近总体有机体，假如你意识到任何侧面的改变都会引起其他部分相应的改变的话。

　　我在使用像"定向"这样的术语方面蛮成功的，定向是核心的，统一的，因此在很多方面也是具有操作性的。希望我们有一天能拥有一种有价值的语言和术语，适用于整体性的图景。同时我们不得不经常使用笨拙的迂回的说法。

这种妥协性的术语之一是"身心的"（psychosomatic），仿佛心理和身体独立存在，然后在一些情况下结合起来。

比如，在德语中，我们使用心-神经症来表示心动过速、出汗、微微发抖的症状。我们中的有些人把这看成甲状腺过度活跃的结果，其他人认为这是焦虑状态的结果。

"根据你的整体论图景，它是两者的结果。"

不，它不是一个结果，而是身份认同。

我现在有很多正当理由谈论焦虑，尤其是它的生理、幻想和应对方面。

我们管我们的时代叫焦虑的时代。

弗洛伊德对神经症治疗的定义是，从焦虑和内疚中解脱出来。

很多精神科医生害怕焦虑，回避激起患者的焦虑。

戈尔德施泰因把焦虑看成灾难性预期的结果。

关于解释的方面，我们再次看到精神分析在前景。以过去为导向的弗洛伊德提出了出生创伤和力比多的压抑，赖希和阿德勒提出攻击的压抑，其他人（我忘了是哪个弗洛伊德的后继者）提出了死本能的压抑。你得自己做选择。

我拒绝任何一种解释，因为它是一种理智化的手段，阻碍真正的理解。

对我来说对于焦虑的讨论尤其重要，因为它打开了有机体功能的动力大门。

"我不理解你的逻辑。对我来说，焦虑是一种功能不良、一种扰乱因素，如你自己所说，有时候接近于一种疾病的状态。"

耐心点，亲爱的。我承认"打开大门"这个表述不是精当的选择。这样你会满意吗？如果我说它给我一个机会或者一种理由去——

"会的，亲爱的。"

你变成了一个亲密朋友吗？你安静一会儿，听我说我必须说的"正常"动力，可以吗？

"可以，但是我会回来的。所以注意你的言行举止。让我提醒你说过的话——未完成的情境提供了动力，任何未完成的情境都会推动以朝向完成。"

是的，怎么做到？

"当你口渴的时候，通过喝水。"

那我们从哪里获得能量呢？没有机器或者有机体可以脱离能量运作。

"嗯，难道水没有获得力比多式贯注？"

我承认弗洛伊德这个词用来描述图形/背景形成是个好词。格式塔学者叫它"Aufforderungs character"，即"要求的性格"。水要求被吞下。

"我觉得这听起来像胡话。水才不会说这样的话。"

别那么挑剔。这个词语当然是诗意的投射，但是从现象学来说它是对的。

"所以在这个例子中你接受力比多的概念？"

是的，如果你对水具有性一样的冲动的话。保留力比多原初的性能量含义不是更合理吗？

"然后我们仍然需要问：让水出来的能量来自哪里。"

现在，在你说的时候，我的答案是：我不知道。我只能用一个中间的词语来进行理论化和解释。在这个过程中我也可以做些其他事情。我可以把情绪包含在我的理论中。

我以前说过我不赞同弗洛伊德和亚里士多德的垃圾理论。我不认为情绪是需要被消除的废物。无论你是否把焦虑当作一种情绪，它都会在该理论中找到自己的位置。

"那么你在使用解释的把戏？"

部分如此，但是你会看到它也制造了一些对焦虑本质的真正理解。

"好吧，开始。"

如果你说得这么平淡，你就让我不确定怎么开始。你甚至让我感觉多少有点尴尬。

"现在我可以嘲笑你。所以开始。一开始是什么？"

一开始是一些术语，一些概括性术语由一些人创造出来，他们像我一样对具体的有机体能量所知不多。他们不想让自己说："这是电，或者化学，或者力比多，或者不是什么的能量。"所以他们赋予它一个没有区分度的名字，就像柏格森（Bergson）的生命冲力，或者生物能、生命能量这样的名字。

我喜欢使用"兴奋"（*excitement*）这个词。兴奋可以被体验，它类似原生质的具体特征，即应激性（excitability）。这个兴奋由有机体的新陈代谢提供。从生存的角度而言，具有最重要意义的格式塔获得最多的兴奋，因此能够浮现，使用兴奋来定向和应对。

在很多例子中这种应对要求一个额外的兴奋，并被体验为一种情绪。在这种例子中经历着荷尔蒙的转化，把概括化的未分化兴奋变成具体的各种兴奋。

我们已经知道愤怒和恐惧与肾上腺有关系，而性与生殖相关的腺体有关系。关于悲伤、喜悦、绝望等情绪中的荷尔蒙，我们还接近于无知。

下一步。这些情绪不仅仅是释放，而是大多数转化成了运动能量：愤怒化为踢打，悲伤化为抽泣，喜悦化为跳舞，至于性嘛……嗯，无须我告诉你们这些可笑的动作。

在可用的兴奋被完全转化并被体验之后，我们具有了良好的闭合、满足，暂时的平静和涅槃。光是一次"释放"的话刚好带来耗竭和被消费的感觉。

总结一下，兴奋既是一种体验，也是有机体能量的一种基本形式。

"弗里茨，祝贺你。说得好。你的理论符合事实。也许你的转化理论甚至是一种原创。它只有一个错误。"

？

"你漏掉了焦虑。或者有没有可能，你混淆了恐惧和焦虑？在这种情况下，焦虑和肾上腺素而不是和甲状腺有关。"

你是一个犀利的家伙。我很开心你是我的一部分。但是有时候你也很傻。你可能已经意识到了，我，也不仅仅是我，把焦虑看作一种不健康的状态，而情绪，刚才描述的情绪是正常的情绪性新陈代谢。

"你是说，甲状腺是不正常的，它制造了焦虑？"

别装傻。听着。停止扮演小丑，严肃点。我正在写一本严肃的科学的书。

"我同意你正在写一本书。至于你是否严肃是另外一回事。所以甲状腺这一块怎么说？"

我想甲状腺扮演了一个总体兴奋制造者的角色，把像碳水化合物这样的化学物质变成兴奋的东西。

"现在你从一个部分跳到另外一个部分，从生物化学到了心理学。"

我知道。我正在酝酿。让我们这么说吧。甲状腺（如果是这个腺体）激素把生物化学物质变成生物能，就像蓄电池一样把化学能量转化成电能。

"我喜欢这个观点。那么甲状腺和焦虑没有任何关系？"

可能有。这么说吧，现在有个人产生了太多的甲状腺素——"巴塞杜氏病"（Basedow）类型，一个过度兴奋的人——比正常人更倾向于焦虑。

"那么，什么是正常的？"

最佳甲状腺产量的零点。太少的话产生呆小病（Cretinoid）类型，这样的人兴奋度低，愚蠢，懒惰。它的对立面是巴塞杜氏病患者，这样的人总是快点，快点，快点。

"化学物质来自哪里？"

来自我们同化的食物，这些食物转化成了各种化学物质。

"食物来自哪里？"

来自超市。

"什么促使你去超市？"

我的饥饿。

"什么制造了你的饥饿？"

缺少这些化学物质。

"这些化学物质来自哪里？"

来自我们同化的食物。

"食物来自哪里？"

来自超市。嘿！停止。你在扮演傻瓜。

"没有，我在玩你的鸡和蛋的理论。好吧，停止浪费我们的时间，给我点具体的东西！"

好吧。你能看出焦虑总是和未来相关吗？

"你是说戈尔德施泰因的定义——焦虑是灾难性预期的结果？"

你说得接近了。我赞成预期。"要见我的朋友，我感到焦虑。"这听起来是积极的，根本不是灾难性的。

"对。我看得出来你很焦虑，想要结束你的书。"

现在我们了解未来吗？

"几乎不。微乎其微。"

那关于现在我们知道什么？

"不少呢，如果我们顺其自然的话。"

对。我再进一步，同时回到空无的哲学。未来具有很多种可能性，但是对于这种未来的实现我们一无所知。至少可以说我们没有觉察到任何东西，除了通过水晶球①，如果你相信它的话。甚至用水晶球我们觉察到的也不是未来本身，而是未来的一种幻象，就如我们不能觉察到过去一样，我们觉察的仅仅是关于过去的记忆。

现在，这是我的第一个理论。焦虑是现在和未来之间的张力。这个空隙是空的，经常会被计划、预测、理性预期、保险政策等填满。它被习惯性的重复塞满。这种惰性阻碍我们拥有未来，并且固着于同一性。对大多数人来说，未来是荒芜的空。

现在让我们来到最常出现的焦虑形式——**舞台恐惧**。我倾向于认为所有的焦虑都是舞台恐惧。如果它不是舞台恐惧（也就是说，和演出相关），这种现象的问题就成了恐惧。或者，焦虑是

---

① 在西方，人们认为水晶球可以预知未来。——译注

一种克服无的恐惧的意图，这种无出现的形式经常等同于死亡。

当施耐德——格尔布和戈尔德施泰因的脑伤残士兵——被叫去演示一项抽象任务时，他极度焦虑。

"他为什么不说他不能或者不愿意演示？"

因为他为要去演示而焦虑。没有焦虑状态，没有对演示可能性的兴奋，就不会有制造焦虑的机会。

我们现在与我的神经症理论的第二个水平即角色扮演水平连接上了。任何时候我们不确定我们的角色，就会发展出焦虑。

我们连接了幻想和弗洛伊德的名言——思考是排练。如果我们不确定的话，我们就为角色排练。

我们把这点与所有现实都是现在连起来了，一旦我们离开与现在接触的安全位置，跳入幻想中的未来，我们就失去定向的支持。

我们连接了自体实现和自体概念实现，后者是焦虑的永久源头。

我们连接了兴奋的动力；兴奋转化为情绪，以及被阻碍的应对、停滞。我们获得兴奋漫出的现象。

我们现在理解了镇静剂在现代精神病学中的角色。我们用脑叶切除术切除了患者的幻想，用镇静剂切除了他的活力，通过不良的兴奋分配变得乱七八糟。

焦虑来自拉丁单词"angustia"，意思是狭窄的关口。兴奋不能从瓶颈自由流出来，而流出来带来转化。它也指胸口的缩窄。

带着这一点我们已经走到了焦虑的生理方面。被调动的过度兴奋需要更多的氧气。所以心脏开始加速跳动，从而提供更多氧气，因为在预期未来的时候我们抑制了自己的呼吸。

这为心脏增添了额外的负担，医生经常提醒心脏科的患者远离过度兴奋。

弗洛伊德有关于焦虑的理论，比如：出生创伤是对于过去的一种投射。焦虑的时候呼吸不良。力比多的压抑、攻击等，是兴奋的阻碍。

我有一些短片表明了，一旦与当下接触，任何的舞台恐惧就立即消失，这放松了他对未来的预设。

不要推动河，它自会流动。

我开始意识到我比我设想的要复杂得多。

我开始意识到完成，甚至是继续这个写作的巨大困难。

我开始意识到我挣扎的强度，一边是报告和计划，另外一边是自发流动。

保持诚实并与活人互动变得越来越难。

与此相比，活在抽象里是容易的——编造理论，玩适合的游戏（fitting games）。

这个词适合事实吗？这条长裙适合这种场合吗？这个手袋适合这条长裙吗？这个理论适合观察吗？这个行为适合妈妈的愿望吗？

这个壳子适合手枪吗？这个总统适合这个政权吗？这个项目适合我的潜能吗？适合，适合，适合。适合和对比。还有什么其他的游戏可以玩？我的生命适合你的期待吗？把我和你的其他爱人做比较。我是领先的吗？

万花筒一样的生活。下去，到小屋去。早餐。尼克松获得了最多选票。有人对政治感兴趣吗？

我们生活在另外一个世界。

非常奇特的早晨。我感觉到一种绝望的情绪——傻的、不必要的要求。抽了很多烟，很多漏掉的心跳。想要后撤，把特迪送走。制作《弗里茨-玛哈礼希相遇》影片的人回来为另外一个场景拍摄额外的镜头。这次是和约翰·法雷尔（John Farrel）的会面，他扮演了一个追寻解决之道的美国年轻人。我们在温泉的一个跳台上录制了这一场景。

为了很开心地把自己从旋涡中拉出来，以下是可以做的一些简单事情。

有一个小例子，就是当我志愿参军时的感受。出乎意料的培训是远离责任的巨大解脱。我被告知如何迎接长官、如何行进、如何整理床铺等。没有选择，没有决定。

就像在高中的日子，我回到了过去，同时过上了几重生活。

我在莫姆森文理中学的日子走到头了。那所学校对我来说就是一场噩梦。在小学的时候我理所当然地成为优等生。我喜欢我的老师，学校就是孩子的游乐场。实际上，在我入学之前我就可以读出乘法表了。

我注意到我回溯得多么快，从摄像到军队到高中到小学到学前的日子。

我需要从头开始吗？

当我们说看向未来的时候，实际上我们都搞错了。当我们走，这么说吧，盲目地带着我们的**过去**走向未来的时候，未来是空的。我们最多能看到我们留下了什么。现在我看向很远的过去。大部分是迷雾；有些抽象的东西似乎是准确的。就像排除有害印象精神法的人所说的，它们在我的记忆文件柜中。有些是精确的重复，无须怀疑。一个父亲、一个母亲、两个姐姐、母亲那边的亲戚和父亲那边奇怪的亲戚。我四岁时我们搬进了新房子——我们在里面住了大约十二年。

第二次世界大战之后,当我第一次回柏林的时候,我看到了一种象征性的惊奇景象:整个街区都被夷为平地了,除了一所房子——安斯巴赫街(Ansbacher Strasse)53 号。

我最早的记忆就是我的受孕。

"这是顶级的。我知道你的幻想有时候很出色,但是这样说太疯狂了,你不能这么说。"

我说的是我的记忆。我又没说它就是这样发生的。我不喜欢轻率的解释,如果你想要把它看成我疯了的症状,欢迎你这么做。

我已经使用了太多的 LSD,裸盖菇素只有十几次。对我来讲裸盖菇素主要是一种回忆和整合的药品。前三次开始于两种对立能量的融合。它们的强度减退,在第三次之后没有再出现。其中一股能量是彩色的,感觉是在入侵我。节奏非常慢,涌动持续了大约一分钟,这股能量是弥漫的,我仿佛是飘忽不定的,像雾一样。

"你是如何从中感受到受孕的?你也没有体验到你自己是精子和卵子。"

说得对。按照魏宁格(Weininger)的说法,你可以把它叫作阴和阳或者男性和女性成分。他说——我相信他是对的——我们每一个人都具有男性和女性成分,纯粹的男性和女性是罕见的。我自己的观察倾向于证实这点。在我的神经症患者和很多精神病患者那里,在我看到了男性和女性成分的严重冲突;在天才身上我看到对立的整合。在神经症患者身上可发现右/左的分裂,在天才身上可发现双元性(ambidexterity)。

"那么他们是平衡的?"

我在列奥纳多·达·芬奇身上看到一种完美的平衡。米开朗琪罗具有更多的男性成分，赖内·马利亚·里尔克（Rainer Maria Rilke），具有更多的女性成分。

"你是什么样的？"

当有人叫我天才的时候，我花费了很长时间才接受。我又花了三个月的时间不去在意是还是不是。

然而，我强烈地相信整合。我已经统一了我的一些对立的力量，还有很多有待于整合。我相信，到现在为止，已经很清晰的一点是，格式塔治疗取向不是分析的而是整合的。当我们准备好讨论治疗的时候，这点会更清晰。

"你记得你的出生吗？"

不。我已经接待了很多经历出生体验的来访者。在我的录影带《路易斯》的一个片段中，你就可以见证到这样的例子。我们针对一个梦和尖叫进行工作，它们是不完整出生的清晰暗示。其中一个很有趣的事实是，她的尖叫从一个新生儿的声音变成一个愤怒、饥饿的孩子的声音。有意思的是这不涉及任何的焦虑。这个录像将会是多媒体书《见证治疗》的一部分。

当我以出新生儿的姿势和动作醒来的时候，我自己出生的回忆仅限于与二氧化碳的相遇。我仍然像河马或者一个新生儿一样打哈欠。他们告诉我，我是产钳助产出生的，因为我妈妈乳头感染，我没有很好地被喂养，之后我患上了几乎致命的吐泻，上吐下泻。我自己没有任何记忆。

"你的童年快乐吗？"

绝对快乐，在上体育课的时候。我喜欢学校和滑冰。我和二姐格雷特很亲近。她是一个假小子，一只长着顽固卷发的野猫。她嫁的男人，名字叫佐玛·古特弗罗因德（Soma Gutfreund），他是一个平凡无奇的人，修理、贩卖和演奏小提琴。他演奏得不能说太坏，就连皮亚蒂戈尔斯基（Piatigorski）也来他们的店里演奏四重奏。我对他喜欢不起来。他具有一种制造陈词滥调的能力，就仿佛它们是珍珠般的智慧。像很多其他犹太人一样，直到盖世太保进入他们的店里，砸烂大多数乐器后他们才离开。

那个时候犹太难民的天堂已经很少，但是他们成功地到了上海，在那里他们遭受了高温和战争之苦，然后又从上海到了以色列，忍受缺少食物的痛苦，直到我把他们接到美国来，在美国，至少是他吃够了言语障碍的苦。

他几年以前死了，但是格雷特已经调整过来了。她非常焦虑，话很多并且很担忧。尽管如此我们还是彼此相爱，家里的害群之马一般的弟弟正在出名这个事实，令她无比骄傲。"如果母亲能看见多好。"她总是给我带最贵、最好吃的欧洲点心。

母亲肯定会非常骄傲。她对我来说是很有雄心的，不像典型的"犹太母亲"。但是那时候我父亲不给她足够的钱，我们饿不着就已经很开心了。她做饭是个好手，但是从来不强迫我们吃掉。她的父亲是个裁缝，考虑到她的背景，那么她对艺术的兴趣——尤其是对戏剧的兴趣——简直令人惊讶。她省吃俭用，为了能够在克罗尔剧院（Kroll Theater）有个站位，克罗尔剧院是帝国剧院（Imperial Opera and Theater）的一部分。她还想让我上小提琴课和游泳课。但是我父亲没有给我们上任何一种课的钱。她付不起小提琴的费用，钱只够上游泳课。我成了一个真正的游泳高手。

我不喜欢埃尔泽（Else），我的大姐。她非常黏人，有她在的时候我总是感觉不舒服。她有严重的眼部问题。我当时完完全全地不喜欢我将来要照顾她的想法，也许是因为她出现在家里带给我的负担，我犹如吉卜赛人被铁链拴着一般。

当我听说她死于一个集中营的时候，没有很悲伤。

"你没有感到内疚？"

没有，我总是感觉怨恨她。

"一个人要处理另外一个内疚需要做什么呢？"

在任何内疚背后都是怨恨。

"怨恨如何变成内疚？"

你必须相信我的话。要做到，我必须进入整个拓扑结构。

"来呀，开始吧。"

不，我不要。

"内疚和怨恨是情绪。你如何消除它们？用'神父，我犯了罪'（Pater pecavi）① 敲打你的胸膛？"

不，这没什么用。

"但是为了健康，你必须消除它。弗洛伊德不是说如果一个人免于焦虑和内疚就会健康吗？你就是做治疗的。那么，解释吧！"

唠叨，唠叨，唠唠叨叨。

"你不能这么对我。你忘了我们是一体的吗？我们在玩一个游戏。你拖延，我痛恨拖延。"

你不感觉内疚？

"没有，但是你应该内疚。"

感觉内疚比怨恨更高尚一点，表达怨恨比内疚需要付出更大的勇气。当表达内疚的时候，你期待让你的对手消气，表达怨恨你可能激起他的敌意。

---

① 文艺复兴时期葡萄牙的哀歌音乐。——译注

进出垃圾桶

重读这段的时候我有个突出的印象,又在扮演角色,一个教授的角色。我不介意扮演角色。我不喜欢这种干巴巴的感觉,缺乏投入。当我思考的时候,我更喜欢我自己;或者当我打开的时候,我带着激情写作。

让兴奋流向笔端,
犹如惊雷乍响,
无论现在或以后,
是否犯下错误。

宁可活泼地失败,
所有你可亲的雄心,
统统扔进垃圾桶,
所有没营养的破烂儿。

让我跳舞让我乐,
管它天气是好还是坏。
不要焦虑,不要扭捏,
就让我们跳起来!

如果你无聊,我会怨恨。
这点我无法欣赏:
像性冷淡的妓女一样性交,
而不是像燃烧的火焰。

我怨恨你,如果你不

给我所有并保持简洁。
我命令你投入
所有的一切,完全地。

我命令你待在这里,
在当下并直接!
富有激情并无比清晰!
我想要你完美!!!

你这个混账!你就坐在那里提出不可能的要求。如果我达不到,你就想要让我感到内疚。我对你的做法更感到怨恨,我感到暴怒,我恨你。像上帝一样全能。你像弗洛伊德一样让我混乱。超我(super-ego)和理想自我(ego-ideal)是一回事!不,先生!你是正义的良心,超我,你想让我成为理想自我。首先你用"就做你自己"钩住我,然后是"做我想要你成为的你自己"。你使用每个宗教的把戏,提出不可能的要求,然后拿走几英镑的肉,"仿佛"我欠债了,"仿佛"我欠你什么。

我现在是一个旅行团的导游。

女士们、先生们,我们现在离开了有机体国和它简洁的不平衡的恢复。我们让有机体自己完成它的未完成情境。

我们现在进入社会行为国和它的不平衡及未完成情境。这是施加要求的"应该"国。命令的国家。

"你觉得你很有趣吗?"

不,不觉得。我尝试有趣。有的时候我可以非常有趣,一个娱乐高手。我不能刻意做到。需要情境。

我想要为"人际关系"的讨论做个过渡,沙利文把他的取向叫作"人际关系",但是结果证明是虚假的把戏。

"如果你卡住了,我建议你回去,做些梳理。"

比如?

"你留下很多未完成的东西。"

没有兴奋的东西出现。没有未完成情境浮现。

"艾达·罗尔夫呢?我想知道她是怎么帮助你的。或者你能谈一下有机体的怨恨和内疚功能吗?"

不,我不能这么看待内疚。内疚是一种社会现象,而怨恨是有机体的。有机体和社会功能的混淆是弗洛伊德理论的一个弱点。

口唇和生殖器阶段是有机体的。肛门阶段是社会的。它是不成熟的清洁训练的产物。因此,弗洛伊德的有机体理论是不准确的。力比多,他的兴奋的膨胀版本,不是从口腔跳到肛门,跳到生殖器的。然而,对于婴儿的性和肛门障碍,包括亚伯拉罕关于肛门性格的观察,价值无限。

"我看到你在打哈欠。你看起来对这次讨论并不兴奋。你不能放下弗洛伊德吗?他走他的阳关道,你过你的独木桥。"

你看不出来吗?我这样做是为了澄清我自己的观点。而且,大多数的精神病科医生都相信弗洛伊德。当达尔文发展他的进化论的时候,他不能避免和那些相信《圣经》的人打交道。

我在这里中断了一会,去找打字员继续我的训练,几天前我开始继续练习打字。平生第一次,我打出了和这本书有关的句子。

我在打哈欠,哈欠。我在回避我的肛门障碍,我和妈妈因为便秘发生争执。我只记得她给我一些用肥皂制成的栓剂,我因为她这样做而恨她。剩下的就是猜测了。

我在打哈欠，哈欠，哈欠。现在还早，还没到十一点呢。通常我会写到两点钟甚至更晚。

上位狗，你是对的。我们有些梳理工作要做。出现的碎片——弗洛伊德，艾达·罗尔夫，便秘，失去兴奋，不成熟地进入社会关系——还没有形成格式塔。特迪说前面写的呈"之"字形，一种分裂样的联系。

"她说得对。让我们看看现在到哪儿了。"

你一那样说，我就开始梳理、寻找、哈欠、迟钝，尽管我睡了九个小时。我得等待，直到有东西出现，或者用粗话说，直到有东西拉出来。

哈欠，哈欠。它开始变成一个症状了。无聊？我开始写这本书，就是把它当成无聊的解药。我变得兴奋了，释放了很多能量。这个想法让我兴奋：这新一波的无聊是另外一个能量源的预兆吗？这种无聊的状态是一种内爆的状态吗？

"这是有可能的。它符合梳理这个主题。你还没有谈到内爆。记得你的神经症理论吗？"

怎么回事！僵局。俄国人说的病灶点？神经症的核心？是的，这是谈论的好时机。搁置沉思，让它们老实待着。内爆：一个好词。外爆：没有限制的力量离心式地飞入开放空间。情绪性外爆：用暴怒和爱把世界吞没。可怕的力量，限定它！让它转向，升华它！不能总是成功。全或无。要么外爆，要么内爆！

内爆，收缩的力量，重力的力量。没有这种力地球会分崩离析，漂浮，解体。内爆，是每个人字典里的新词。它是停留在这里。我最近读到消息，"蝎子号"（Scorpion）潜艇内爆了——12000英尺的水压。船体不能承受，向内塌陷。整个船，体型缩小了，和船员一起瘫缩在海床上。我们的情绪内爆没有这么强烈，我们的情绪外爆也没有这么壮观。

柴油发动机的活塞收缩，令汽油内爆，为外爆产生足够的热量，一种限定的外爆。在其他的发动机里我们需要触发外爆。在我们的细胞里我们可能具有上百万的微型外爆，不可计数的小量限定的外爆。这些微型外爆的总和就是生命力、兴奋。

我们能够限定原子外爆的那天，也许就是世界和平的那天。世界上的每一个国家都将会有足够的能量。争夺能量和资源的战争将会过时。

同时，我们必须更多地理解外爆和内爆的节奏。

同时，我们必须学习区分真正的内爆和伪内爆。

真正的内爆是无物性（no-thingness）。

伪内爆是虚无性（nothingness）。

真正的内爆是石化、死亡。

伪内爆是潜在的暴力，就像到达了一种不安定的休息阶段。就像1916年战壕里的炮火，令双方锁死在僵局里，就像两股力量在拔河，势均力敌，就像深度后撤的紧张症患者，可能外爆成为难以想象的暴力。

应对与后撤，收缩与扩展，内爆与外爆——就像心脏的内爆、收缩，然后外爆，开放等待被填满。一直收缩导致快速死亡，就如一直扩张一样。

伪内爆在神经症里就是瘫痪，伪死亡。它被两种敌对的想消除对方的兴奋填满。

伪内爆是一种幻觉化的死亡。

伪内爆表现为空洞的人，极度无聊，官僚主义。

伪内爆以沙漠、建筑和物体的方式出现在梦里。没有植物，没有人。

伪内爆被弗洛伊德看成死本能，但是有一个可能的外爆：攻击。

伪内爆被赖希和洛温（Lowen）视为铠甲，被短暂的情绪外爆和宣泄打开。

伪内爆在舒茨和其他"鼓动兴奋"的人中获得喘息机会。抑制被扔进暴力的风中。

"你似乎在每个人身上都能发现缺点。"

如果有人击中了靶心，我们现在就应该发现了"那个"疗法。无论如何，赖希和舒茨比那些"思想强奸犯"更接近现实。

"？"

这些知识分子，废话的制造者。

你参加过团体治疗吗？每个人都在向受害者丢意见，每个人都在解释每个人。争论，言语乒乓球游戏，好一点的做法是攻击："你在投射，亲爱的"，或者"可怜的我"，一个哭泣孩子的表演。在这些"自我改善俱乐部"里你能期待获得什么成长呢？

"你真是对这些人太苛刻了。他们尝试了，而且效果不错。"

我知道。让人接受洞见和情绪宣泄不够是异常艰难的；所谓的治疗，用塞利格的说法，不过是教人们擦干净屁股。从这个角度而言，一些"自我表达"老师——尤其是如果他们进行批量生产的话——甚至可能是有害的，如果他们不从患者所在的地方开始，而是给他一些命令，告诉他应该体验什么的话。为了取悦这些老师，工作坊的参与者会制造那种体验的仿制品，这只会加重神经症。

"你能举个例子吗？"

可以。我曾经见过一个老师，不管参与者有没有感觉到，都强迫他们通过砸垫子和大喊"不，不"来制造愤怒。言语上说的

"不",行为上他们出于对老师的服从而说的"是",二者矛盾,只能制造混乱。如果"不"刚好在自我表达的阈值下,如果自体参与,而整件事情不仅仅是一个不敏感的老师的把戏,这就是没关系的。很多治疗师把控制狂的一面实施在寻求改善的信众身上,而不是克服自己的症状。

"你就很疯,你现在就在布道!那你自己呢?"

在这一面,挑不出我的毛病。如果没有我的敏感、时机和直觉,我不会走到我现在的位置。甚至在我实施团体实验的时候,实验都进行了设计,考虑了那一时刻每个人的位置。

"给我一个例子。"

我会让团体里的每个人都说一句话,以"我怨恨……"开始,然后去发现这句话是一句用来取悦我的空话,还是一个真实的体验。如果是真实体验的话,我会采取下一步。"让你的要求外化。"或者幻想和那个人进行一次对话,直到怨恨被消解。

"你如何消解一种怨恨呢?"

怨恨是一种紧抓不放的咬噬。如果你怨恨,那么你被卡住了。你经常会有一种口腔的内爆,一个又紧又僵硬的下巴。你既不能放手——忘记或者遗忘,也不能彻底咬穿——变得具有攻击性,去攻击真实或者想象的让你受挫的人。怨恨,像复仇心一样,是一个未完成情境的好例子。

"那么放松下巴不是完整的工作?"

放松下巴就像"谈论"怨恨一样是片面的。

"感谢你,弗里茨,谢谢你的讲座。我对内爆有了很好的概念,我对怨恨有了更多的学习,最重要的是,我开始意识到做治疗的并发症。我同意任何部分的取向,像是冲破铠甲或者谈论经历,都是片面的,因此也是效率低下的。"

是的。如果他们相信他们的片段式取向是灵丹妙药，是万能疗法的话，那么我尤其会谴责这类片面的人。

"你会认为艾达·罗尔夫的'躯体重塑'也是这种片面的取向吗？她做的是什么？她做的事情和赖希主义所做的冲破铠甲一样吗？"

有时候她是的。我宁可把这个叫作意外的副产品，尤其是如果你具有肌肉抽象记忆的话。

"我不理解。这听起来真佶屈聱牙：记忆的肌肉抽象记忆！"

我谈过条件化的老鼠，它们的脑袋被粉碎，被喂给其他老鼠。这样的物质具有一种真实的记忆或者记忆印记，有机体记忆。

现在，任何事件都具有几个面向：说出的话、我们感受到的情绪、我们看到的图片、我们观察到的动作、我们产生的想法和联想、我们感觉到的疼痛等等。从这些上千种印象中我们抽取出一定数目存放到我们的记忆银行中，作为事件的官方代表。它们通常变成一种刻板的老生常谈。我们甚至可能美化它或者删除一些。

现在如果一种抽象出现了，那么总体上下文经常会变得讲得通。这不是一种线性联想——尽管它经常被这么叫——而是一种复杂的格式塔。

因此，如果艾达触到一个疼痛的点，即肌肉记忆，那么整体，包括未表达的情绪和画面，可能出现并可能被消化和整合。

这种恢复的记忆本身几乎没有什么价值，就像弗洛伊德或者赖希被恢复的记忆。但是如果一个患者紧紧抓着一种错误姿势——就"仿佛"他仍然受着最初的疼痛——那么他就可能执着于再调整到一种正确的姿势，就像患者紧紧抓住死去的妈妈那样——就"仿佛"他仍然需要取悦她；他意识不到他不需要再取悦她了，也就是他成了幻想中的受害者。两种情况下都是"醒来"的过程。

"艾达真的对你的心脏毛病有帮助吗?"

这我说不好。她的确帮助我缓解了主要症状：那些心绞痛让活着变得如此悲惨，我都想结束生命。在这个意义上她救了我的命。

"她恢复了一些记忆吗?"

没有。我是使用心理迷幻剂获得的记忆。没有，她的工作很不同。这些恢复的记忆仅仅是一种副产品，不是必要的。和我类似，她针对一个人的不平衡工作。赖希主义者具有一种启发式取向。他们打破铠甲，希望发现压抑。艾达具有一种整体性视野，她看的是整个身体，试图重新定位不良状态。照她的说法，她扯开肌肉周围的鞘，给肌肉呼吸空间，而且她刺激萎缩的肌肉。

"这种撕扯的过程一定非常痛苦。"

有时候是很疼。我通常在 20 分钟之后抽一根香烟休息一下。

"她为什么不使用麻醉剂?"

她说她需要合作。在有些地方肌肉组织内爆，她直到帮你解开痉挛才停止。

我已经经历了大约 50 次治疗。通常她进行预先计划的 10 次为一组的疗程。

"你现在修复了吗?"

没有。首先到了我这个年纪，我的很多内爆是根深蒂固的。只有很小一部分的改善被保留。她现在有很多好学生了。有一天我会做个淘气的孩子，尝试成为使用一氧化氮（笑气）的"罗尔夫"。

"那么这与你的心脏问题有什么联系?"

心绞痛发作时你的心脏周围和左臂的肌肉变得非常疼痛。这大约是自然阻止你过度使用你生病的心脏的方式。所以艾达打开所有的肌肉痉挛,然后我可以自由呼吸。我有时候也感觉非常疼痛,瘫痪性的背痛改善了80%~90%。由此你可看出我有这么多理由深深地感恩。

"她是一个什么样的人呢?"

一个非常有力量的伟大天使。我们现在正在结合格式塔治疗和她的方法。自从我把她带到加利福尼亚,对她工作的兴趣就在增长。

"她多大?"

她一定和我同龄。

"如果她真那么好的话,为什么不出名?"

这是把一些东西宣传成灵丹妙药的老套故事。当然,她有偏颇的、劝说性的而非事实的取向,有时候接受一些不是直接因她工作产生的功劳。现在通过我们的协调工作,一些好的事情在浮现。具有严重心理怪癖的人不会充分地从她那里获益,具有慢性姿势障碍的人会限制我们治疗的效果。我们甚至调查了我们的合作是否对精神分裂有效。

结构和功能是相同的:改变一种结构,你就改变了它的功能;改变一种功能,你就改变了它的结构。

"你说你使用心理迷幻剂后恢复了一些记忆。你记得你是怎么得的心脏病吗?"

不,不是这样。这是一个更复杂的故事,和马蒂有关系。我希望我能够简单地说是马蒂伤了我的心,但这样说是巨大的简化。事实是我经历了一段痛苦的时期,堪比战壕时期。区别是,在战壕里，我可以把自己当成环境的受害者，但是和马蒂，我负有责任。

是什么将我带到迈阿密的海滩，也就是马蒂生活过的地方，我无法准确说出来。当我们生活在南非的时候，我喜欢去德班度假。我们经常住巴拉莫尔酒店（Balmoral Hotel）。海景的前厅价格为一几尼（guinea），那时候大约相当于四美元。还包括了很好的食物，有几十种美味的沙拉。宽阔的白色海滩，还有，哇简直了，印度洋美景！温暖的海浪可以潜泳。大把可以阅读的时间。驱车前往祖鲁兰（Zululand），群山遍布的峡谷。乘坐祖鲁兰的人力车，身着战袍的黑人大力士跳出来，拉起人力车，就像一匹自得其乐的马。

当然，在人造的迈阿密海滩，我没有发现类似情况。但是游泳，我仅剩的体育运动，把我从纽约拉出来。

我从来没有喜欢过纽约，夏天湿热，冬天融雪，停车困难，鸣笛声四起，还有糟糕的剧院演出、在吵闹中进行的长距离旅行、过分拥挤的地铁。最重要的是，我对罗拉的感觉越来越不好，她总是把我放到劣势位置，那时候对我从来没有一句好话。

这因此反过来加剧了我投入婚外情的倾向，我不觉得自己深度卷入。最终，我在迈阿密遇到马蒂的时候有了情感投入。

加利福尼亚，大苏尔

亲爱的马蒂：

我遇到了你，你那时美得难以言喻。笔挺的希腊式鼻子，之后你想要一张"美丽"的脸，破坏了鼻子。当你这样做的时候,当你为你的鼻子施洗的时候,你变成了一个陌生人。你一切都是过量的——智力和精力、脆弱和激情、残忍和效率、鲁莽和抑郁、滥交和忠诚、轻蔑和热情。

当我说你"那时美"的时候,并不准确。你现在仍然美,你非常鲜活,尽管更加统一。我仍然爱你,你也爱我,不再带着激情,但是有了信任和欣赏。

当我回顾这些年的时候,首先出现的不是我们激烈的性爱,甚至也不是剧烈的争吵,而是你的感激:"你把我的孩子还给了我。"

我发现你沮丧,接近自杀,在婚姻中失望,被两个孩子拴住,你和他们失去了接触。

我很自豪,能拉你一把,塑造你以满足我的和你的需要。你爱过我并崇拜作为治疗师的我,同时,你成了我的治疗师,用你残忍的诚实切开我的虚假、狗屎和操纵。从来没有什么时候像我们那个时候那样有如此多同等的给予和收获。

然后来到我带你去欧洲的时候。巴黎,一些疯狂的嫉妒从我这边迸发,一些狂野的狂欢、兴奋,但是没有真正的开心。那种开心随后出现在意大利。我非常自豪地向你展示真正的美,就好像我自己拥有似的,帮助你克服在艺术上平庸的品位。当然我们在威尼斯喝多了,还有……。

维罗纳(Verona)《阿伊达》歌剧表演!一个古老的罗马圆形剧场容纳了两万到三万人。舞台?没有舞台。剧场的一边建在巨大的三维生物一样的柱子上,带着从另外一个大陆来的一丝埃及风味。当时是晚上,夜幕微垂。观众区点燃了几百根蜡烛。然后表演开始了。扣人心弦的歌声流向我们，穿过我们。结尾：火炬燃烧着进入无穷的宇宙，逐渐消失的歌声触到了永恒。

唤醒匆忙的人和离开的大批人群是不容易的。

相比之下罗马的露天歌剧是刻意的，从来不会让你忘记你在出席一场演出。

我们的夜晚。没有回家的压力，没有睡眠不足的担心。享受、体验在一起的最后一滴甜蜜。"今天晚上是最棒的"成了一句常挂在嘴边的话，但是它是真实的，为彼此存在的感觉的强烈程度持续增大。没有任何诗句可以描述这几周，只有外行似的语无伦次。

在你的生命中，你不会平白无故获得一些东西。我必须为我的快乐付出大代价。回到迈阿密后，我的占有欲愈来愈强。我的嫉妒具有了真实精神病性的特征。任何我们分开的时候——我们每天大多数时候都分开——我都变得不安，开始检查你，每天好几次开车到你家。我不能集中精力做任何事情，除了："马蒂现在在哪里，和谁在一起？"

直到彼得进入我们的生活，你爱上了他。他不怎么关心你。对你来讲，他是远离我和我的折磨的一种缓冲。他好相处，是一个娱乐性**故事高手**。只要有他出现就不可能无聊。他年轻且英俊，我又老又恶毒。将事情推向更复杂的方向的是：我过去也喜欢他，现在仍然喜欢。

我的天塌了。我面对的是外面对我的贬低，以及里面恣意生长的复仇幻想。

所有想要和你分手的尝试都失败了。然后我做了一些事情，现在往回看，那是一种自杀的企图，没有因此觉得懦弱的羞耻感。

我从那些手术中活了下来。我从我们的分别中活了下来。我从过年时我们最后一次争吵与和解中活了下来。我在这里，你在那里。无论我们何时再见，感觉都会是好的和踏实的。

谢谢你成为我生命中最重要的人。

弗里茨

回顾我自己的人生，我看到好几个自杀阶段。用德文说是"elbst-morder"，也就是自己的杀手；这正是具有自杀倾向的人的定义。他是一个杀手，是一个摧毁自己而不是其他人的杀手。

杀手和具有自杀倾向的人还有其他共同之处。一种无法应对情境的无能，他们选择最原始的方式：外爆成暴力。

第三个特点：我给你一拳；我会在你杀死我之前杀死自己。

经常：我还清了我的债。

还有另一面：我让你感觉内疚，"看看你都对我做了什么"。

道德主义者抬起了它丑陋的头颅：惩罚。

我惩罚我自己，也惩罚你。教堂会惩罚我。一个自杀的人不值得进入受尊敬的死者行列。

这一切的背后是：具有自杀倾向的人救赎的幻想："哪个奇迹制造者会挽救我呢？""机械降神（deus ex machina）会准时出现吗？"

作为一个精神科医生，由于幸运和理解，我有一个罕见的记录：30年来我的患者没有一个自杀。

30年前，1938年，我为一个年轻的犹太人治疗同性恋。像很多同性恋者一样，他有一个恶毒的女巫一样的母亲。有一天他带来一个消息,说他母亲被杀了,可能是被黑人男仆杀的。不久之后——在"Yom Kippur",犹太人的赎罪日——他自杀了。

是他杀了母亲吗?是否他和母亲的融合,致使他想与她在天堂重聚?赎罪日又扮演了什么角色?

漫无目的的猜测!我开始有了新的理解。几天以来我经历了突然出现的几阵疲倦,离开了我的感官感觉,也就是外部区域(OZ)。后撤。不是彻底地。不要睡着。不要一路掉入神志不清的状态。

盈空在沸腾。贫瘠的空,无聊的世界消失了。如何加固盈空的丰富?这不仅仅是一个垃圾桶,不仅仅是过时的东西翻上来。

但是太多了:想法、情绪、画面、评判。太多的兴奋。格式塔形成面临危险;精神分裂式的碎片化,混乱地显示它们存在的权力,让我无力招架。

保持接触,让你的疲倦挡住太多尖叫着寻求注意的声音形成的歇斯底里。继续酝酿。遵循海森堡(Heisenberg)的原理:被观察的事实通过被观察而改变!

疲倦,我接受你像无聊一样,是我的敌人。我拿你换一些想要剥夺我一部分生命的东西。你知道我有多贪婪。更多,还要更多再更多。

> 盈空,透过我讲话,
> 愿神恩加持,
> 让被保佑的真我,
> 面对面地看见你。

写满一千页,

百千万词语,
莫自缚于笼,
鸟才这样子!

随着笔的滑动,
挥洒快乐与痛苦,
我无法持续超越,
过去的无谓生活。

最终我知道,
我有许多话要说,
我所发现的,
就摆在眼前。

朗姆酒、起泡酒嘀嗒嘀,
让我们舞蹈、跳跃,
啦嗒嘀嗒嘟嗒,
喉咙不再阻塞。

不再自怨自艾,
我是哇啦咕哒,
伍德萨罗马城,
非常期待?

耶!!! 我疯啦!!!

"你现在宣布你自己疯了。它会把你带到哪里？你想要卸下所有责任？"

天哪，你真古板！刚才那是愉悦的爆发。还有其他东西。我不能很好地捕捉音调。我听到音乐的声音，我感到没有必要用词填满声音。我知道在盈空里有音乐。

我和唱歌的关系很奇怪，好像我害怕当我和另外一种歌声或者声音融合的时候，我会消失。我有的时候能够很好地跟上节奏，有一次，我大学时的朋友阿尔玛·诺伊曼（Alma Neumann）弹奏巴赫的康塔塔①，我仅凭听力和视觉就唱了一整曲康塔塔。这种奇迹只发生过一次，但是它表明了，某处，被隐藏、被阻挡的巨大的音乐能量潜伏着。

"得了吧，不要糊弄我。你想要从'你疯了'这个严肃问题上走开。"

哦，不，不是的。我只想让你明白"感觉疯了"和真的疯了不是一回事。如果你管我的嫉妒叫精神病性爆发，我同意。它们是强迫性的。我和罗拉在一起的时候有过，我和马蒂在一起的时候有过，在其他场合或多或少也有过。我非常清楚它们，我可以解释它们，这说明了洞见的价值多么有限。

通常涉及四个因素——投射、一种贪得无厌的性好奇、被扔下和同性恋的恐惧。

我突然意识到我漏掉了一个很重要的人，露西（Lucy），她也是我生命中非常重要的女人。

我也了解了做个作家是多么难，即便你限定自己只写事实也

---

① 康塔塔（cantata），多为宗教题材的短小音乐作品，由独唱演员演唱，常有合唱和管弦乐队伴奏。——译注

很难。我需要做个决定。但是，管它呢。我不需要写一本好书。我知道我最初的动机是什么，就是厘清我自己，为我自己做治疗。真的没有其他人可以了。过去有保罗，有马蒂，现在有吉姆·西姆金，但是我还没有准备好向他臣服。罗拉对我来讲不是一个好的治疗师。我们之间的竞争太强了。她非常有主意，总有理，不能倾听。我不怀疑她经常是正确的，但是至少对我，她总是充满攻击性地自以为正确。

书是额外的福利。我醉心于人们当着我的面读手稿，去体验他们的参与。我需要很多肯定。如果我专门为我自己写，我会删去很多理论的东西，我想要越过这一部分。

显然，我看得越多越会发现，这又是我的贪婪。我的贪婪体现在两个方面：拥有越来越多的体验、知识和成功，给出我的全部——这样甚至还不够。

没有比吸烟更能体现贪婪的了。棺材上的钉子一个又一个。棒，棒，棒。你死于吸烟，你死于手淫。我见过很多人死于战争、疾病和意外。我还没有见过有人死于吸烟和性。

"这不是重点，用罗拉的话说。"

那什么是重点？

"你非常清楚，用罗拉的话说，在无所不知的脸后面藏着她的无知。"

我还不想谈论罗拉，尽管露西和她的话题方向一致。"如果"我没有和露西起了矛盾，我就不会去法兰克福，也就不会遇到罗拉。"如果"我把露西从棺材里拉出来，我也不得不把施陶布（Staub）叔叔从最尊贵的棺材里拉出来。

施陶布叔叔是家里的骄傲。他是当时德国最伟大的法理学家。他下巴留着长胡子，走路时显得庄重。他的妻子和孩子非常傲慢，和我们几乎没有什么联系。他们也住在安斯巴赫街，我和格雷特住在靠街边的一面。埃尔泽姐姐黏着妈妈。

你能想象吗？当时还没有汽车。街道属于我们这些孩子，贵族阶层的孩子除外，比如施陶布家的孩子，他们忙着接受管理和教育。

施陶布叔叔在我的生命中像是一种象征、一种解释，以及一个心理学发现。

象征地位非常明显，显然我需要追随他的步伐。但是我反叛，从医学泥泞的小路溜进了人文学科。

解释是由威廉·赖希做出的。他从来没有向我揭示他是如何获得这个结论的：他说我是赫尔曼·施陶布的儿子，这个解释引起了我的虚荣，但是从未令我信服。

心理发现是通过露西获得的。她告诉我当她十三岁的时候，他（施陶布）强奸了她。当她告诉我的时候，我还没有核对她的可信度就相信了她。我之后从另外一个来源的类似事件中获得了证实。

现在我感觉和当时一样困惑。

我曾经从我父亲那里观察到不少好色的情况，但是那个时候我的爸爸无论如何就是坏人。现在德国领头的法律权威却犯下了色诱未成年的事情。所有表面的值得尊敬！这就是弗洛伊德的教导，毫无疑问对性来说就是这样。

"你突然变成了一个道德主义者。"

我曾经有过几阵子道德愤慨。第一次是我四岁的时候。我正在街上玩。一个小女孩从房间里跑出来，到一棵树跟前，在我面前撒尿。难以置信！她为什么不在家里、在自己的便盆里尿？

"如果你把自己当作一个性变态者书写个案史，那么你把自己和露西放到哪里?"

我会说这是一个转折点。直到那个时候为止我具有一些混乱的爱情生活，但是基本上是健康的。

"那么你在责怪露西?"

不是，我当然不怪她。我很开心地遵循她的教诲，以及她粗鲁的探索。赫尔曼·施陶布的秘密生活意象增添了某种合法性，几乎是命令，去追随他的脚步——如果不是遵守法律的话，那么至少是他违法的行为，无论它们是真实的还是露西想象的。

"她也是你的亲戚吗?"

是个远亲。

"你是怎么遇到她的?"

以非常奇怪的方式。"他们"搬进了我们附近的一个比安斯巴赫"更好"的街区。

露西的母亲和我的母亲相识。我已经治好了带状疱疹。露西因为肾脏摘除手术住院了。她的母亲叫我去看望她的女儿。

到了那里我看到一个漂亮的金发美女。她属于那种我愿意奉为女神的类型。十分钟的对话之后她说："你很美，过来吻我!"这让我大吃一惊：什么！这竟会发生在我身上？罕见的例外，我感觉我自己是丑陋的，眼前是一位从奥林匹亚下来的女神来眷顾一位凡人？一个有孩子和丈夫的女人？

我最初的尴尬在她的热情下很快融化了，忘记手术的吻。我开心地被勾住了。

我有几次陷入爱情。第一个是凯蒂（Katy），金发面包师的女儿。我当时八岁。之后我爱上了洛特·西林斯基，我和马蒂的爱超过了任何人。和罗拉我有断断续续的爱的时期，但是基本上我们是具有一些共同兴趣的同行者。

露西令我着迷和兴奋。她非常有占有欲，尽其所能爱我。对我而言她只是一个荣耀的冒险。

"你真八卦。你在谈论她。而不是对她讲。"

露西，我不能对你讲。你死了。死了。当我把自己从1926年拉走的时候，对我而言你就不再存在了。你真正的死亡对我来说没有太多意义。我听说你后来吗啡上瘾，最后自杀了。

"是什么让你去了法兰克福？"

我妈妈的一个哥哥住在那里，尤利乌斯（Julius）舅舅，一个不造作的温暖的人，我感觉自己像他的孩子一样。还有卡伦·霍妮，即我柏林的分析师，她建议我离开柏林去找她的学生克拉拉·哈佩尔继续我的分析。而且，戈尔德施泰因的工作、存在主义团体和法兰克福本身吸引着我，当时法兰克福是一个美丽又有文化氛围的城市。

"关于露西你还有什么要说的吗？"

你知道，上位狗，我今天不喜欢你。你非常刻板，关注事实，几乎像个职业治疗师或者主日学校老师。你拉回和露西的这些病态、兴奋的时光，一点帮助都没有。

"闭嘴。出现的第一个画面是什么？"

然后女孩们安排了一次和朋友的丈夫还有我在内的四人聚会。我期待我的第一次同性恋冒险。在那之前，我有过，在青少年时期，我和一个男孩有过小动作，与费迪南德·克诺普夫（Ferdinand Knopf）有过没有实际碰触到彼此的同时性自慰。我之后记起了他的教名，还有当我是医疗中尉的时候对当时的医疗兵有一些温柔的爱意。

实际上那个丈夫和我是陌生人，对彼此没兴趣，也没有产生任何兴奋，少得没有勃起；但是我们两个都很享受地观看女孩们的表演。

"向公众展现所有这些,你感觉如何?"

我感觉这仿佛是我承担过的最困难的任务。"如果"我有胆量通过这一切,我也许就会通过最大的僵局。"如果"我有勇气面对真实的或者想象的蔑视和道德义愤的话,我就会变得更真实——更自由地去面对人们,也许会放弃我的烟幕。我知道我在这方面像威廉·赖希一样,厚脸皮,压制着很多尴尬。

昨天我在吉姆的课堂上做了一次梦的工作。像往常一样,进展顺利。我和五六个人工作,每次我都在10~20分钟内就成功地触到了每个人的本质问题,甚至能够再整合一些否认的材料。这已经成为一种惯例,孩子的游戏。我从来没有满足于此。

他们当中有一个盲人治疗师。我问她是什么时候开始失明的。她说一出生,因为缺乏维生素。她的梦包含了画面,她说她感觉到脸上的红色,于是我表达了对她眼盲的怀疑。她怎么会有画面呢,她怎么知道什么是红色的?我知道我用我的怀疑给她种下了一颗种子。种子会生长,如果我是对的,那么她有一天会重见光明。谁知道呢?

还有一些奇异的事情发生。大约两周以前,在一次团体咨询中,一只白色的小猫跟着团体。今天也出现了一只类似的白色小猫。它很像米齐,它的毛没有那么蓬松,但是前额上的浅灰色条纹是一样的。在团体离开之后她还在。我给她一个无花果酱卷,这是房间里唯一能吃的东西,她激动地吃完了。她会留下吗?

她跟着我进了我的卧室,好奇地走动,熟悉每个地方。她不想从打开的门出去,而是舒服地坐在床上,依偎在我的手里。我应该留下她,再一次费力照顾吗?我还不知道。我把她放出去,放到大厅里。如果她执意留下的话,她可以睡在中央室。

"我看到你画了你的房子。你又在逃离主题吗?你和露西的性生活怎么样了?你的嫉妒发作怎么样了?"

我在考虑。你想让我写一本泛性的,甚至是色情的书吗?

"那样,你可能获得大批读者。"

我不想要进入这种争论。我想要写出现的任何画面和想法,不管它们是如何浮现的。已经有一定的想法和事件开始串连起来。剩下的未完成的东西会浮现。是的,我想要写一写我的房间,你干扰了我,又把防御放到我身上。

乒乓,乒乓,乒乓。又是思想强奸的东西。实际上我乒乓球打得很好,比网球好。在南非的时候我有一个好搭档,是我们的管家。她、她的丈夫,还有一个顶着一头萝卜色头发的男孩,和我们住了一阵子。那个男孩虽然不是很出色,但是他胃口惊人。问他要什么,他总是说:"都再多来点。"

我们也给孩子们请了一个保姆。我相信她和一个国外的人订婚了。她很自闭,但是当我带她去洗温水浴时,她很开心,和我充满激情地做爱。

温水浴和温泉:都是矿物质浴。区别是我们必须跳下6英尺×6英尺大小、2.5英尺深的水里,他们有三个温度不同的池子。嗯,你不能拥有一切。

为了到那里你必须行驶过一百公里的无聊旅程,这期间只有一个例外:一个瀑布。也没有多少水。你必须下车拉动一根锁链,这总让我想起一个加强版的厕所。

我洗手间的厕所是很普通的。但是浴缸!每个人都嫉妒我。它是一个椭圆形贴瓷砖的浴缸,有向下的阶梯。尽管我一直想要一个可以躺下的大浴盆,在里面舒服地读书,但是在这个大浴缸里这是不可能的。它至少有六英尺长,为了填满它,我们不得不安装了第二个热水器。几个人可以一起洗澡，有时候我们就这么做，也许不仅仅是洗澡。

"我发现你现在正在自由联想。"

是的，我对自由联想的感觉不太好，而我做自由联想时感觉好。就像一只海豹，在词语和事实的海洋里游动，扭动，旋转，潜水。不像在我们海湾游泳的海獭，仰面躺着向我们演示如何开贝壳。是的，我想要为你们演示如何打开你们的壳。不，我不想要这样做。我想一个人待着。是的，先生；不，先生；是的，不，是的，不是的不是的不，不不不是是是……

"可能你真的是疯了？"

不，只是饿了。

"弗里茨，你需要学习如何自律。"

停止心智强暴。

"弗里茨，没有必要使用这么污秽的语言。顺便说一下，你说的心智强暴是什么意思？"

我们过去管它叫牛屎。这有些效果，但不是它的普遍用法。然而"心智强暴"仅是因为它的污秽，仍然具有一些冲击治疗的价值。

"你不能使用一个更好接受的词语吗？"

能。我可以叫它废话产物、乒乓球句子、牛屎，但是有什么用呢？那些被厚厚的词语防御围绕的人会接受并用这样的术语争论，输出一堆句子，但是他们自己仍然没被触动。他们是关于主义者（*about*ists）。

"我好奇。你为什么选择牛作为动物排便物的代表？"

你可以叫马屎。我没有反对意见。我甚至将这些动物排便物分类当作一种与智人交流的必要符号系统。这种说法怎么样？这种准确的废话是会让你开心,还是会让你睡着?

"也许。你的分类是什么?"

(1) 鸡屎:窃窃私语,老生常谈的交流。

(2) 牛屎:合理化,解释,为了说而说。

(3) 大象屎:关于宗教、格式塔治疗、存在主义哲学等的高水平讨论。

"你似乎倾向于喜欢第(3)类。至少你现在更科学地走进你的任务,开始给言语现象分类。"

现在当你欣赏我的时候,我会给你另外一种分类:(1) 关于主义;(2) 应该主义;(3) 是就是主义。这些是简单的词。通过为每一个词增加"主义",我们把它们提升到大象屎的阶层。通过增加一些高调的词,我会让它们变得令你接受。

关于主义是科学、描述、八卦、避免投入、围着灌木丛转啊转啊。

"你为什么就不能严肃几分钟?"

好,好。你刚给了我一个应该主义的例子。我应该严肃。要求,要求,要求。十个命令。我要求你这个或那个。如果你不服从的话,我感到受挫并怨恨你。反之亦然。也就是我们对我们自己施加的要求!使用"为什么"作为责备、攻击的借口!

是就是主义。玫瑰是玫瑰就是玫瑰。"我就是我,我就是大力水手,那个水手。"这叫作现象学或者存在主义取向。没有人可以在某一个特定的时刻成为不同于这一时刻的样子,包括想要不同的愿望。同义反复:自证的体验。

莫西和艾贝在打牌。

莫西:"艾贝,你在作弊!!!"

艾贝:"是的。我知道。"

弗里茨是一个关于主义者，一个讲故事的人；摩西是一个应该主义者；艾贝是一个就是主义者。

    现在我不能拒绝，
    即便会痛，
    做个应该主义者，
    玩弄更大的词。

    内摄和投射，
    内转，噢，憋住，
    会少受忽视之苦，
    期待被召唤。

    跳出垃圾桶吧，
    进行对话，
    因此读者可以
    从你的位置获益。

    内摄，你的位置是什么？
    你定位在哪里？
    内转？好，它仍在，
    总是自我关联的。

    投射？你多数已经被
    蔑视而放到架子上。
    你不过是一个屏幕，
    来吧，浮现，潜在的自体！

内转
(反转)

我是个有机体,
我需要一些食物。
我想要攻击食物,
这世界上没有食物了吗?

那我只能吃掉自己了。
我攻击自己,我折磨自己,
我杀死自己,
我喂养自己。

救命!救命!
(你-我)吃掉我吧!
(你-我)能否
让我一个人待着?

投射

你投射了我,
我的名字现在是
投射。

我害怕你,
你让我缩小了,回来,

你是我的一部分。

现在我将去带你回来,
我将重新拥有你,
我正在疗愈
分离。

好的,但不要
仅仅将我吸收,
不要仅仅
内摄我。

内摄

我是一个内摄。我是一个陌生人,
在你的系统里。我希望你无法
忍受我,并
让我完好无损。

恰恰相反!你体质很好。
我将嚼碎你并同化你,
　　我将把你变成我自己
　　以便
我能成长。

"关于同化的讲演"

我的意见是……

我们现在需要考虑一个事实,也就是……

我现在要把你们的注意力导向以下现象……

"你在拉开幕布吗?"

就是这一类的东西。你知道吗?大约 15 年前,我的自体意识太重,说话都不能没有草稿。今天即便我要在 1000 人的大会上发言,我也不用费心准备一份。

我于 1950 年去了洛杉矶,短暂地待了一阵子。那有一个小院校叫"精神分析西部学院"(Western College for Psychoanalysis)或者类似的名字。它对我具有双重重要意义。因为我的书,我获得了哲学荣誉博士学位。我相信这是他们颁发过的唯一一个。第二点是我发现了我的自体意识过剩,然后很快地克服了。

"很多人有这种困扰。你能在一个短小的段落帮助他们,还是说这是一种秘密交易?"

不是的。实际上它是中等的、分布最广的一种偏执形式。自体意识过剩和舞台恐惧有些不同,但是经常彼此交织。"自体意识"这个术语是一种误导;它应该被叫作"批评性观众意识"(critical-audience-conscious)。演讲人并未真的觉察到观众,观众对他来讲是一个模糊的单位。

这种模糊的观众变成了一种投射屏幕。演讲人想象观众是批评的或者是带着敌意的。他把自己的批评投射给他们,而不是观察实际在发生什么。他把自己的注意力投射给他们,感觉到自己是注意的焦点。

治疗方法很简单:认同投射。批评观众。关注并观察现实。从灾难性预期的恍惚中醒来。

那么，以上就是投射的第一个例子。

几分钟之后我们会遇到内转或者反转。克尔凯郭尔，一位早期存在主义学家，谈论过自体与自体的关系。这正是向内转（retro-flection），折回来。沟通没有从自体到其他人，或者从其他人到自体，而是从自体到自体。

自杀、自我折磨、自我怀疑都是好例子。治疗方法：对其他人做你对自己做的事情。

"听上去很恐怖。"

实际上没有听上去的那么恐怖。如果你在幻想和心理剧中对其他人做这些坏事情，那么实际上足够了，即便是被要求的。在任何情况下，一个人在你面前折磨自己，同时也是在折磨你。

有一次我惨遭滑铁卢。一个同事请我和他有自杀意向的妈妈做一次咨询。我同意了，然后我们很快发现她想杀了她的老公。她的确这么做了。

"所以你的治疗可能是危险的？"

是的。尽管很少见。我没有看到多少破坏，但是我与之有过快速治疗相遇的数百个人从中获益匪浅。我从那个个案中学到很多。

"你如何阻止这种挫折？"

我经常告诉团体除了我自己之外我不会为任何人承担责任。我告诉他们，如果他们想要疯狂或者自杀，如果这是他们的"要事"，那么我会更喜欢他们离开团体。

我也学到了对严重病理性患者要非常敏感。如果有人带来一个隔绝的梦，里面没有人，没有植物，或者他显现出一些奇怪的行为，那么我拒绝和他工作。通常我会因为我的残忍和不愿意"帮忙"而受到攻击。在这些周末短期研讨会里，我没有时间与这些关闭的人获得接触。

"在杀人的那个个案中你没有发现这点?"

没有,在表面上没有任何病理迹象。之后我听到并从内摄的角度理解了她的个案。她被妈妈附身,她的妈妈杀了自己的丈夫,而且没有受到处罚。也许她期待同样的事情。

"那么你这次同意弗洛伊德?还是,你也需要因为他发现的投射和内摄而攻击他?"

我完全同意他关于投射的理论。只是我们现在走得更远。我们包括了大多数的移情和很多记忆,还有最重要的所有梦的材料。弗洛伊德的内摄理论是一匹不同颜色的马。

"理论怎么能是匹马呢?"

闭嘴。

"你说过一个生活在当下的人会自动地创造。你带来了一个陈旧的隐喻。"

你说得对。这是一种内摄。这是一种外来的材料。

"这么说你不喜欢马肉?"

?

"你经常说任何隐喻都是一个小型梦。"

比如"一个想法击中了我"是攻击。对吗?一个想法怎么能击打呢?

"你不喜欢弗洛伊德的马肉?"

噢,我明白你的点了。我不能消化他的内摄理论?是这样吗?不是的。相反。我咀嚼得非常充分,而且得出来一些有趣的结论。

(1) 它是一个有机体概念。你真实地或者在幻想中吸入、摄入一些东西。

（2）总体内摄。你吸入整个人。附身鬼魂。现实中你不能吞下那个人：这需要在幻想中完成。这是吃奶的阶段、吞咽的阶段。

（3）部分内摄。你吸入一个人的某些部分：行为举止、隐喻、性格特征。这是咬噬的阶段，一个人会使用门牙。

（4）复制。这不是一种内摄，而是学习和模仿。

（5）破坏（destruction），这是臼齿的任务。弗洛伊德忽视了这个决定性阶段。通过对心理的或者真实的食物的去结构（de-structuring），我们同化它，把它变成我们的，把它自身变成成长的一部分。

（6）我们不内摄爱的客体。我们吸入掌控的人。这通常是一个恨的客体。

（7）回到自我（ego）和我（I）的讨论。健康的我不是内摄的聚合物，而是一种认同符号。

（8）攻击不是一种从死本能生出来的神秘能量。攻击是一种用以咬、咀嚼和同化外来物质的生物学能量。

（9）弗洛伊德的修通要求相当于咀嚼。

（10）攻击可以被升华成战斗和战争。

（11）、（12）、（13）、（14）等待创造性读者补充。

我遇上真正的麻烦了。我正在纸上写句子，用打字机打出来，印刷，校对。所有过程中，我都不知道我在对谁说话。

我急于获得一些反馈。

当我"思考"时，我也在幻想中。我对某个人讲话，但是我不知道到底是对谁讲。我没有真的听到我自己思考，除了韵文。

有时候我感觉不同。当我把自己分裂成上位狗和下位狗的时候，我感到一些交流。当我进行一场演讲并展示我的理论时，我面对一个班级。当我攻击某个人,无论是弗洛伊德还是普鲁士中尉时,我都有一个作为见证人的读者,见证我的勇气和邪恶。在任何一种情况下我都不孤单。

当我写这些句子的时候,我是孤单的,而且……

就在刚才我突然有一个体验。我对自己口述这些句子,我也是留心语法和书写的记录者。

我可以编造出目的和其他合理的理由:写一本书,展现我自己,满足我的朋友们的好奇心,厘清我自己。我仍然是孤单的、迷失的。

你在哪里?对我想要讲述的对象而言你是谁?没有回答。

我也不能停下。我不能抛开这个想法:我在做一些对你和我自己很重要的事情。

如果有人在的话,他会感兴趣吗?我过去常常强迫性地吹嘘,希望给人留下光辉的印象;这点现在少了很多。当我不礼貌、粗鲁的时候,我也想用我的不礼貌和粗鲁给人留下印象。

我宁可触碰和亲吻而不是讲话。我正在玩一个真情告白的游戏吗?所有这些傻问题!

一个傻瓜在等待答案。

我想要尝试投射游戏。X先生,我想要给你看我有多么光辉,我想给你看我有多么邪恶。

现在,我的读者,就是我-你(I-you),不确信任何一点,70年中,我试了又试,让我-你(me-you)确信我-你是光辉的、邪恶的。

赫尔曼·黑塞、歌德、莫扎特发现了出路。他们把好和坏投射到小说、喜剧、歌剧里。歌德没有承认他是一个引诱者,那个全部否定的精神、寻求无所不能的人、天使的对立面。他把这部分放到了摩菲斯特身上。

莫扎特，或者他的歌词作者，没有承认他吹嘘他的征服、他的怯懦、他的贿赂。他把这部分放到利波莱罗①身上。

黑塞在《荒原狼》里做了类似的事情，但他也是"悉达多"，那个圣人。莫扎特的唐·乔瓦尼"是魅力和勇气的典范"，浮士德是追求真理的贵族。

我从这些段落中获得一些慰藉。还是，我通过挑出我的光辉和邪恶，对你和我自己玩了一个把戏？

我正在看着你，我的读者，用质疑的眼睛。我的心是沉重的，以防你把我扔进你的垃圾桶。

骄傲和信心，你们在哪里？我在向你们讲话吗？我安全地扎根于我自己的演出，是不是一个虚假的角色？我抽烟是否隐藏了我的不确定？

这些沉思可能让我靠近对吸烟症状的调查，但是我仍然不知道我在对谁讲。

  要对谁讲？
  没有选择。
  与谁徜徉？

  一个呜咽的嗓音，
  孤单的、
  没有被发现的那个。

---

① 利波莱罗（Leporello），莫扎特歌剧《唐璜》中的人物，唐璜的仆人。——译注

它们都消失了，

没有噪声。

没有声响。

事实上讲述就是信息。一旦嗓音（voice）被关注也是一样。嗓音就是信息。人格面具（persona），通过声响（per sona）。Per＝通过（through）。Sona＝声音（sound）、发声（sonare）、唱出来（to sing）。尝试讲一堆难理解的话。从挤压抽象概念解脱出来，来到声音，你的嗓音变得愤怒或者悲叹或者嘶哑或者焦虑。

从抽象的概念解脱出来，我想把声响压缩成爱的药水。看，不要听，扫描声音和声音的关系，以便我可以结束韵文。

有声音（sound）的关系也意味着健全的关系（sound[①] relationship）。

这是真的，他说，打着响指。

这是真的，我说，点燃了另一支烟。

我在通过僵局。我在倾听你的嗓音。我有一个健全的关系。

你发声如歌唱，还是嘶哑阻塞？

你轻声细语，还是聒噪刺耳？

你的嗓音是死的，还是浸满泪水？

你是在用你的快速、爆炸性的词语像机枪一样扫射我吗？

你用摇篮的温柔让我入睡吗？

你用一个又一个以及（and）-以及-以及式焦虑让我无法呼

---

① sound 一词在英文中亦有"完好的、健康的、健全的"之义。——译注

吸吗?

你在对我尖叫,像一个善言谈的人对着篱笆另一侧耳聋的邻居讲话吗?

你用口齿不清、低沉的声音折磨我,好让我疲惫,然后接收你心不在焉的交流吗?

还是用结巴吊着我,就像讲出无数个笑话,只为了给一个小的包袱做铺垫吗?

你的嗓音是否爆炸性地充满整个房间,没有给其他人留空间?

还是你抱怨,抱怨,抱怨,把我变成你的哭墙?

你是否用耸起的眉毛——暗示着一个同谋者的耳语,来制造紧张?

你是否用主日学校的匕首——老师指责的咆哮,来惩罚我?用牧师的油腻窒息溺死我?

还是你正用你充满爱的声音淹没我,融化我,并且打开繁荣,拥抱幻想?

> 无须听内容,
> 媒介即信息,
> 凭你撒谎又说教,
> 可声音是真——
> 毒药或滋养。
> 我随你的音乐起舞或跑开,
> 我畏缩,或被吸引。
> 从这项调查中,
> 我获得了一种慰藉:

> 我自己不会太邪恶，因为你们很多人
> 已经与我的嗓音
> 坠入爱河。
>
> 而我发现了，
> 我的声音节奏。

昨天我不得不将新娘送到新郎手上。本（Ben）结婚了。彼得（Peter）和玛雅（Marya）想让我当他们孩子的教父。我的"流浪汉"形象发生了什么？

仪式在泳池旁边进行。这是大苏尔格外美丽的日子之一。阳光有点太暖。每个人都身着梦幻般的周末华服。我穿着刺绣的俄式白衬衫，是珍妮弗·琼斯（Jennifer Jones）送给我的礼物。从厚厚的草坪上走下来就像穿过小型沼泽。每一步都很沉重。勇敢的玛雅。她接近孕晚期，但是保持下巴高昂地从几十个摄影师间穿过。

这是我第一次承担类似功能。我在两者间摇摆：一边是我不以为意，认为仪式是一种惯例表演，不过是牧师（我相信无神论）唤起上帝的名字引发的空洞永恒；另一边是我被本在背诵誓言时努力克服情绪的困难感动。他似乎真的相信他的承诺。

牧师毫不造作，有很好的幽默感。尽管以精密的惯例执行，仪式的简单性还是给我们一种现实的感觉。

几个月以前埃德·莫平（Ed Maupin）结婚的时候有同样的真诚，但是——

阿兰·沃兹（Alan Watts）演出了禅味的仪式——我的意思是表演。他偷走了演出，整个演出在崇高壮丽和滑稽可笑之间徘徊。它是一个用虚假和即兴道具组成的模仿秀。甚至结婚的夫妇都似乎是道具,而不是事件的中心。

我爱阿兰和他的直率的坦白,促进了他的使命——成为娱乐者。很少有人能够将非言语表达得这么优雅而大方。各年龄段怀揣远大救赎野心的女士在他的智慧面前神魂颠倒。他具有非凡的品位。在古罗马的话,他将会是高阶的宫廷美学鉴赏官(arbiter elegantiarum)。

亲爱的阿兰,有一天你会相信自己的教授。你智性的智慧会进入你的心,然后你会成为一个智者,而不是扮演一个智者。你不会为了阿兰的荣耀,而会为了空的荣耀而在这里。

本是第二个伊萨兰驻地项目留下来的人之一。从某方面讲,他也是伊萨兰的救世主,尽管任何与基督的相似都是巧合。在伊萨兰经历危机、即将分崩离析之际,他接过了管理工作,并把合适的人放到合适的位置上。

第一个项目命运不济。项目的领导人是弗吉尼亚·萨提亚(Virginia Satir),她不适合这个角色。她不是"合适位置上的合适人选",而这点是任何运作良好的社会或者社区的基础。

弗吉尼亚,你获得了我的爱和我无尽的崇敬。我们在很多方面相像。不安的吉卜赛人。对于成功和认可的贪婪。不愿意安于平凡。你是有野心的大女人。渴望学习。幻想着即将发生的事情。你最棒的财富是你让人学会倾听。你像我一样,受苦于智性的系统分类,但是你思考的东西和你不思考的东西相当一致。太多的解释。

你投射了自己对理解性家人的需要,并且相应地,你自己是家庭恐惧者。你想要安定下来的梦仍然是梦。在伊萨兰,你想要一栋房子,比我的大的房子。一个不现实的梦。你想要成为伊萨兰项目的领导人。另外一个梦破灭了。

我承认，整体而言，伊萨兰第一年的学员很可怜。他们中大多数是逃避现实的人或者边缘人。他们来的时候是陌生人，最后还是。他们期待员工为他们服务，他们期待被"修理"。我不知道是否有人能够做得更好，但是他们一定感觉到被抛弃，在两周高强度工作坊之后，你离开了他们。

那批人中有些留了下来，其中一个是巴德（Bud），他做了一阵子经理。员工，尤其是塞利格不喜欢他。他们认为他的管理更多的是出于对权力和控制的需要，而不是将自己当作我们一员去参与。当他离开的时候，不管是由于经济失误还是其他什么原因，伊萨兰接近破产。第二年，一批居民进来了，他们真的扛起了重担。他们和约翰·法林顿（John Farrington）——我们的会计，帮伊萨兰度过了经济难关。

另外一个留下来的人是埃德·莫平。他被选为第二年项目的共同领导人。当时我不同意让这个冥想成瘾且长期窘迫的不现实的人承担这么困难的任务。然而最近，我开始修正我的看法。他在成长。他在投入自己，而且开始进入接触，并发现了他的周围世界（OZ）。

听说比尔·舒茨将主事，我当时很开心。我的意思是他将掌控。他有些像普鲁士军官，但是他也善于观察且为人老练。他是一个聪明的寄生者，但是在内心深处，他是一个受苦且极度渴望成长的人。他想要成为嬉皮士，但是有点太规矩。如果他没有感觉到被观察的话，看起来就有点阴郁。难怪他写了一本关于喜悦的书，常见的精神病性外化。

大体上他心怀善意，这是紧要的。他投身于组织工作，创办了一系列驻地项目。他做到了。从这一批人里涌现了好多美好的人，他们认同伊萨兰。他们和员工之间的墙消失了。除了本和黛安娜，我的爱流向约翰·海德（John Heider）和安·海德（Ann Heider），他们两个人都很敏锐、漂亮。我也爱强壮并且真实的斯蒂芬（Stephen）和毫不造作、聪慧且有爱的萨拉（Sarah）。

半个小时以前内维尔（Neville），一个南美放射科医生和我一起读了手稿。他崇拜我，这点毫无疑问。四周的工作坊让他的收获比十年的赖希派治疗还多。

他先看到了窗子外面，一只浣熊弓着背，显然被灯光吸引了。这是我第一次看到浣熊，它用棕色的大眼睛向里看，不害怕我们。

现在房子周围的灌木长得更茂密了，我迎来了更多的访客。我最喜欢的是一只蜂鸟，它在窗前盘旋，扇动着翅膀。今天我发现了三只小鸟。它们飞起来不像蜂鸟，还是它们还没有学会直升机的技术？

大量的猫四处走动。去年夏天的一天，T. J. 躺在桌子上痛苦不已，显然要死了。T. J. 是一只脆弱的老公猫，是部落的头。他用尽力气一点点向桌子边缘挪动。我去找巴巴拉（Barbara），塞利格的女朋友，我们的动物的妈妈，但是 T. J. 不见了。之后我看到他得意地坐在窗沿上，从来不乞食而是大方地接受对他胃口的食物。这些幼猫不像贪婪的猫，而是在你身上和桌子上到处爬，令保护客人的女服务员叹气。

塞利格对生活的每一种方式都充满尊敬，这点是我不太有的。有次我们在未完工的石墙里面发现一条响尾蛇。我杀死了它。当塞利格到来的时候，他对我的做法很反感。

我的贵重物品之一是一个线雕，是他制造的《圣母与圣婴》。

一开始，我把她放到桌子上，从那里你可以看到她，越过她就看到蓝色的天空。一天，一阵暴风把她吹落，掉到很陡的斜坡上。我研讨会的一个成员拯救了她，在我看来那个成员似乎冒着生命危险。塞利格修复了圣母，现在她站起来了（靠着一个中世纪先知，在维也纳买的），安全地在我中央室的右上门槛里面，中央室是我举办工作坊的地方。老旧的拱顶像木头扇子一样展开，从入口伸到玻璃前。天花板，也高耸着向前倾，前面被用来放置图画和从塞利格那里借来的线雕。

我奇怪，为什么人们只用墙来挂画。

我的研讨会在下面的小屋进行，工作坊在这个房间。周末的研讨会现在是我和专业人士接触的时刻，像我的所有"露面"一样，研讨会需求很大，报名人数过多。我仍然接受了70～80人。我把这些周末叫作我的马戏表演（circus）。

你本不能期待在这么多人的情况下一个周末能够实现什么，但是结果相反。我做一些大众实验，但是大多数时候限定我自己和一个单独的人在观众面前工作。为了我的演出，我需要：

（1）我的技术；

（2）纸巾；

（3）热椅子；

（4）空椅子；

（5）香烟；

（6）一个烟灰缸。

我的技术：我相信我是美国针对任何类型神经症的最好的治疗师，也许是世界上最好的。对自大狂（megalomania）来说，我的技术如何？实际上，我希望并且愿意让我的工作接受任何研究和测试。

同时我必须承认我不能治愈任何人，这些所谓的奇迹疗愈非常惊人，但是从存在主义的角度来看意义不大。

为了进一步把事情弄复杂，我不相信任何人说的他想要被治愈的话。

我不能给你什么。我给你提供一些东西。你想要，可以拿走。如克尔凯戈尔所说，你在绝望中，无论你知或不知。

你们中的一些人长途跋涉到伊萨兰，可能花费了辛苦赚来的钱，只是为了对我嗤之以鼻，为了证明我不能帮到你，愚弄我，或者显示我不能制造迅速疗愈的无能。

这样的态度带给你什么呢？会让你更强大吗？

我知道你对自己隐藏的一部分做这样的事情，因为你不了解我，我只是一个方便的投射屏幕。

我不想控制你；我不需要证明我的权威；我对斗争不感兴趣。

因为我不需要这样做，我是可控的。我看穿了你的游戏，而且，最重要的是，我有眼睛去看，有耳朵去听。你不能用你的动作、姿势、行为对我撒谎。你不能用你的嗓音对我撒谎。

我对你是诚实的，尽管这让你疼。

我和你玩耍，只要你玩弄角色和游戏。我嘲笑你哭泣的孩子的眼泪。

如果你哀悼的话，我与你一起流泪，与你一起愉快地舞蹈。

当我工作的时候，我不是弗里茨·皮尔斯。我变成了空、无物（no-thing）、催化剂，我享受我的工作。我忘记了我自己，臣服于你和你的困境。一旦我们达到了闭合，我就回到观众角色，一个恃才傲物、需要欣赏的人。

我可以和任何人工作。我不能成功地与每个人工作。

周末的设置是一个演示研讨会，有志愿者登上舞台。你们中的很多人争抢相遇的机会，其他很多人替代性地学习。有些人以失望结束，但是更多人带着收获离开。因为问题是多重的，且有不同的变体。

为了工作获得成功，我需要一个小小的良好的愿望。我不能为你做任何事情，我自作聪明的你。

在这样的周末研讨会里，如果你是严重扰乱的，我不会触碰你。否则的话，我会搅动起更多东西，超出你可以应对的范围。

在这样的周末研讨会上，如果你是一个有毒的人，一个会让我无力和耗竭的人，那么我不会打开你——我不善于关注这些不值得我产生恨与厌恶的人。

如果你是一个捕熊陷阱，用"无辜"的问题引诱我，下诱饵，等着我做出"错误"行动，好让你将我斩首，那么我会让你下诱饵，但是避免落入陷阱。在你愿意投降和做你自己之前，你不得不投入更多。然后你就不再需要我了，或者不再需要任何人来收集人头了。

如果你是一个有着蒙娜丽莎式微笑的人，想要掩饰你的不可摧毁的"我知道更多"，期待我使尽浑身解数去捉你，那么我会睡着的。

如果你是一个"令人发疯"的人，那么我会停止跟随你并和你争论。你是毒物的近亲。

纸巾：哭泣在伊萨兰是一种身份象征。"男孩不哭"已经被"好好哭一场"取代了，但是——

哭泣不只是哭泣，不仅是哭泣。

我不知道存在多少种眼泪形式。我相信有一天有人会进行一项眼泪的研究，涵盖所有范围，从一位刚失去唯一孩子的妈妈心碎的抽泣，到虚假的人那种可以随意释放的眼泪。我见过我一个学生的未婚妻，她就用这种娴熟的把戏主宰他。

任何一个直觉完好的人都会立即感觉到真实的爱心引发的悲伤和表演之间的区别，后者除了引发旁观者冷冷的好奇没有别的了。

有一次我也这样做，作为一种制造慈悲的花招。我不记得当时的场合了。我当时知道如果我能引发同情的话，我就会得到宽大处理而不是惩罚。我实际上没有真情实感。在一种冷静的计算后，我在幻想中想象出我奶奶的葬礼。我花了几分钟，但是我哭出来了。我的眼泪出来了，我摆脱了困境。

我在大学里学到了用溴化物作为镇静剂的时候要配套以无盐饮食。这意味着盐可能是新陈代谢兴奋的动因，哭泣是一个去盐的过程。它的平静和安抚的效果类似溴化物式冥想。一次"好的哭泣"令人放松，孩子会把自己哭睡。我认为，真实的哭大多数既是一种融化性的再调整，也是一种对帮助的呼唤。

我不太经常哭得痛彻心扉，也许一生中有过十几二十次。这总是些被深度触动的高峰体验——悲伤的体验，至少有一次是不能忍受的痛苦的体验。

我喜欢伴随着融化的柔软哭泣。非常非常经常，在我的团体里顽固的铠甲融化和真实感受的浮现，让我成为爱的臣服者。有时候，哭泣像笑声一样具有感染性，此时整个团体会发生连锁反应。

我爱电影中催泪的人，如果他们可信的话。必须承认，我偶尔会为庸俗而多愁善感的垃圾落泪，但是大多数时候是因为有的人的善良超越了寻常人，如果他太好了以至不真实的话。

我喜欢没有不快乐的伤感，甚至爱上了与之伴随的尴尬，就仿佛我沉溺于一种禁忌式的弱点。

我两个最深层的融化中有一个是我环游世界的旅程之后，在雅顿庄园（Arden house）爆发的绝望。我说不出是什么融化了。是我和其他人类之间的障碍？我缺乏认可的恨？我在战壕里获得的厚厚的皮？或者我们要进行语义学分析，回忆那种绝望是 *désespoir*，也就是没有希望？希望当然被重新安装了。

另外一次发生在我和罗拉在第二次世界大战后第一次回到德国时。我想要清算我对纳粹德国深层的恨并完成一种可能的精神转变。

我们在巴黎买了一辆二手大众车，结果发现这是个一流的交易。我不记得具体的数字了，但是我认为我花了大约 600 美元，我们在欧洲开了两个月，三年之后在美国，以 700 美元的价格出售。

无论如何，我们在荷兰边界开着那辆车入境。海关显示出老式德国人的粗鲁。我们开车顺莱茵河而下。氛围和我们的情绪开始有些改变。我们去了普福尔茨海姆市（Pforzheim），即罗拉的出生地，受到了欢迎。我们去了罗拉父亲的墓地，我爆发了悲伤。

我的意思是外爆。始料未及地、完全意外地发生，就像一些脓肿破了。罗拉也哭了。在我穿过迷雾重新获得与世界接触的那一刻，我看到她好奇的、不是很理解发生了什么的眼睛。我感觉和她亲近。

我也不理解那阵爆发。我的岳父和我从来不亲近。实际上，如果说青春期时我是我家里的害群之马的话，那么对于波斯纳（Posner）家来说，我是极其黑暗的怪物。他们根本不相信我。

"我猜测你现在对波斯纳家族的叙述失去兴趣了，并再次避开你的手术了？"

那么我应该做什么？

"一次结束一个主题。"

Decidere，切断。语义上的意义是清晰的。

"不要把语义学的沙子扔进我的眼睛。"

我害怕你会说语义学的狗屎。它没有变成优越阶级的犹太家族的上位狗，就像波斯纳家族使用的这类共同语言。

"我看到你通过广泛的联想，想再次溜进波斯纳家。"

是的，我本来可以说戈尔登斯（Goldens）一家，这样会把我们带到迈阿密。这就是自由联想的魅力；你可以把他们扭到任何方向。对恐惧行为而言，没有比它更好的工具了。

"好吧，波斯纳一家和哭泣有关系吗，或者戈尔登斯一家和哭泣有关系吗？"

不开心的时候罗拉容易哭出来。我从来没有看过她滥用自己的眼泪。当然当莉泽尔（Liesel）——她的妹妹和孩子被杀的时候，她哭得非常伤心。他们设法暗中到了荷兰，然后在战争即将结束前夕被纳粹抓了。我的印象是罗拉对外甥女的哀悼要胜过对莉泽尔的哀悼。她从来不敢看那部电影：《安妮日记》（*The Diary of Anne Frank*）。

"抱歉我对你有点严厉。那戈尔登斯一家呢？"

我发明了这个名字，好为通向迈阿密搭桥梁。

"在哭泣中有任何的高峰体验吗？"

毫无疑问是有的。我不是说那种一般的被感动的类型。当我和马蒂非常不开心的时候，我甚至不记得哭了没有。我在第二次手术前因为疼痛而哭，历历在目。

"这些是自杀的替代性手术吗？"

当浮士德因摩菲斯特而感到不开心的时候,他管自己叫污物与血的滑稽混合物,就是我们说的,茅房。

旋转木马再次开始了。闪回大量出现。

在我是坏孩子的那些年里,我获得的乐趣是扮演和想象我自己是摩菲斯特。

辛德勒姑姑。一个个子很大的胖女人,有着最温暖的、全是爱的心脏,欣赏我的表演。她是唯一站在我一边的人:"他没有问题。"

我爸爸的哥哥死于直肠癌。弄得满床都是屎和血。非常恶心。

我在迈阿密的床满是血迹。马蒂忍着恶心,快速清理干净了。最终的折磨测试。在这样极度丑陋的情况下她还爱我吗?

我总是因为生病而感到羞耻。就像一种耻辱。即使是在战壕中,我也宁可隐瞒因扁桃体炎而发高烧,不愿意承认这样的"弱点"。

现在我羞于承认我出血的痔疮和因此被弄脏的内裤。

那晚在迈阿密,当我在出血后醒来的时候,我没感觉羞耻。我感觉冷静、好奇和失望,因为我没有流血而死。

我决定做个手术。第二天早上醒来的时候,一个男性的嗓音,一个护士,对我说:"我很开心,你醒过来了。"我听说我已经在恢复室待了12个钟头了,他们都快放弃我了。

发生了什么?错误的药物?心肌梗死?这解释了接下来五年的心脏问题。我当时有一个模糊的记忆,想要够一些东西;一位护士把我推了回来。

那天晚上的记忆在一次心理迷幻剂使用过程中恢复了。那是一次不可思议的关于我与死亡战斗的回忆。向下、费力和一点清醒，最终，不像我1917年的梦，生的意志胜出了。我从那次旅程回来后具有一种强烈的生的愿望。不是为了取悦任何人，而最终是为了我自己自私的原因。被"诅咒"而活的存在性情绪变成了生命被"护佑"。我结束了开始于雅顿庄园的绝望爆发。

> 我的生命被护佑，
> 我被祝福，具有充分而有价值的生命，
> 我是鲜活的。
> 我是如此。

"可是手术本身成功吗？"

很成功。

"你提到了第二次手术。"

是的，我在两周后做了第二次手术。在医院排泄的几天后，我在一个夜晚带着膀胱的剧痛醒来。我无法排尿。痛苦不断增长。如果当时有一个最贴切的形容词，那么我现在不得不使用它。在痛苦的绝望中，涕泪满面，我尖叫着，非常奇怪："啊，妈妈妈呀，妈妈妈呀！"我一直痛苦到天明。另外一个奇怪的地方。我当时一直没有想到立即叫医生。是我害怕去（？）闯入，看到一张愤怒的脸，被指责？

幸好有缓解痛苦的导管。诊断：前列腺增大。治疗：移除。

这次做了成摞的测试和检查。一次 X 光说大肠脱落了。不久后需要做另外一次手术。我已经受够了手术。我从来没有烦它，"它"也没有烦我。

所以他们切除了前列腺，这个过程让我绝育了。我喜欢这个想法和赞美："我们从来没有接待过这样一个同时是好患者的医生。"

手术之后的日子模糊不清了。我知道我从迈阿密到了哥伦布，又回到迈阿密。在这些手术前似乎有一个中断，但是我不确定。马蒂看望了我，帮我张罗了一个家。所以可能发生在手术那段时间之前。

这里，在伊萨兰，我对很多男人具有温暖的、爱的感觉。我不知道是那种氛围吸引了我可以连接的那种特殊的人，还是我爱的能力增长了。

我青春早期和晚期的朋友，都是让我臣服的男孩子。与第一次世界大战之后和南非的朋友，友谊从来没有足够深到相互信任的程度。在美国这里，我信任保罗·魏斯，我信任文森特·奥康奈尔（Vincent O'Connell）。文森特有点拐向了神秘的方向。他接近一个圣人：极其敏感，有洞察力。因为没有孩子，他和阿普里尔（April）已经收养了一大群孩子，似乎做得很好。

他是哥伦布州立医院的首席心理学家，我在那里担任指导。我对这份工作没有不满；我对朝九晚五的惯例不满，九个月后离开了。这是一个错误，很快就显现了出来。我本应该待满一年。我之后偶然听说我的德国学位可能在哥伦比亚特区获得认可。我申请了，因为缺了三个月而被拒绝了。

现在我在加利福尼亚是非精神科医生，这也不太困扰我，因为我不开药，几乎很少用，就像一位精神健康委员对我表示的，我有自由发言的权利——美国宪法的救赎特征，以及相比之下它的几乎不可能的愿望——追求幸福。

"那么你不相信对幸福的追求?"

不相信。我认为这是一种荒谬。你无法实现(achieve)幸福。幸福自动发生,而且是一种过渡阶段。想象一下,当我膀胱的压力得到释放时我是多么幸福。这种幸福能持续多久?

"你认为有人能实现永久幸福的状态吗?"

不认为。你可以以同一个瑜伽姿势坐上十四年,或是在同一张沙发上躺十四年,又或者做一个忙碌不得法的人十四年。持续幸福从觉察的本质来说是不可能的。

"但是幸福是一种觉察。如果没有觉察,你就不可能幸福。还是说,你正在变成弗洛伊德,说着'我在无意识中是幸福的'?"

胡说八道。觉察是因为变化的本质而存在的。如果都是一样,就没有任何东西要去体验,没有任何东西要去发现。用行为主义的术语来说,就没有幸福的刺激。

制造一个"追求幸福"的项目,包括了这样一种悖论:"通向地狱的路是由好意铺就的。"这也暗示着不幸福是不好的。

"你突然之间变成一个受虐狂了吗?你要告诉我不幸福是好的吗?你现在赞同基督教受苦的美德吗?"

请好好理解。我只是说,为了幸福而幸福的愿望最好也就是获得迪士尼乐园那样的定制快乐。

受虐狂是为了痛苦而痛苦。追寻痛苦并从中获得美德是一件事情,去理解痛苦并利用自然的信号是另外一件事。

"痛苦的信息是什么?"

"注意我。停止你正在做的事情。我是浮现的格式塔。有些事情错了。注意!!我受伤了。"

热椅子:

进出垃圾桶

我在椅子上,
为你所见。
我感觉到心脏跳动,
感觉到自己。

我看到你关注,
无论我怎么动,
我看见你都捕捉
我的一举一动。

我在痛苦中,
我将不会展现:
我徒劳的斗争、
我隐藏的意愿。

疼痛持续,
我正逃离,
继续抵抗
是必须付出的代价。

我必须这样做,
尽管死亡令人惊惧。
但我宁可穿越它,
希望也许我

变得**真实**。

两天之后我没有书写的动力，也许是一连串的外部区域事件需要优先处理，也许是通过这份写作我发现了宝藏。

接下来显而易见的是我本来要谈的是我会和/对热椅子上的人做什么：一种关注此时和如何，关注责任和恐惧性行为的取向。

最近我形成了一种习惯：使用我的疲累而不是完全向其投降并入睡的习惯。昨天晚上我既睡不着，也没有起来做事情的冲动。我可以待很久，与我精神分裂层进行接触。我连接到了。我就像服用了LSD，主要是剔除了批评性的观察，提升并增强了图形/背景转换，这令我确信这是一次有意义的体验。不，我接触到了一个碎片的层，四处分散的碎片，像小块的内摄，陌生的材料中很多是躯体感觉和画面，但是彼此不相关。默读言语还是有些连贯，甚至没有我通常的思考那样暧昧不清。

我对精神分裂层的怀疑被证实了，为此而开心，我很好地瞥见了它。

显然这种接触制造了一些——这是如何发生的，我还没有一点概念——改变。强迫性色欲获得了一个真正的突破。有好几次，我可以只是在浴缸里面，观看并放手，而不是谋划如何创造性接触或者被接触。

当被问及放弃抽烟的时候，我通常回应："我要等到抽烟放弃我时再戒烟。"我越来越确信我在正确的轨道上。大约三个月前我放弃了我的强迫性自慰，实际上几乎没有了。

我现在看见在性游戏上的第一个突破，我知道有天类似的事情会发生在抽烟上。

昨天我为吉姆·西姆金的第二个团体做了晚间梦工作。有一个个案值得记录。

我对一个中年女人的梦做了工作。她不能放开自己的女儿，而是紧抓不放，她女儿快被逼疯了，她几乎到了专制的地步。她过着女儿的生活，过度"负责"，一直干涉。然后我做了一些新的事情。

我曾经和很多人扮演过出生的脐带固着。这一次我让这个女人经历生女儿的过程。过去或者现在不涉及出生创伤，而是缺乏分离的实现。越来越清晰的是她有个洞——一个贫瘠的空——而其他人具有自体、人格、独特性、个体化，或者无论你管它叫什么的地方。

在生产体验之后我让她与身体和世界接触——这是之前缺失的东西。换句话说我开始把贫瘠的空，原来被女儿填满的地方，变成了盈空的开始，让她发现自己的实质和价值。我今天看到她了，和通常这种情况下一样，她感到巨大的解脱和一种改变的开始。

这仅仅突出了维吉尼亚·萨提亚的观点，即我们首先需要发现让患者疯掉的人。

我最近也经历了一些不可靠的金融交易，以前这会令我不开心到想复仇或者采取行动，或者，至少被大量的幻想占据。我在更好地处理上迈进了一大步，把它们当成一些不愉快的事，但不是灾难性的。他们现在可以这样对我。

而且，灾难性的事情有可能转变成一种重要发展。

我要坦白一点。除了那个我发现人、事件、玩具、理论等的垃圾桶，我还有另外一个垃圾桶，那才是真的精彩。在那里我找到了各种各样的白日梦。我发现性幻想和夸大的好人及恶魔的梦。我发现了希望的梦和绝望的梦。

我最喜爱的那类梦是我成为对全世界发号施令的人，我会不时地花相当长时间想象出我如何统治世界的细节。然后，在厘清的过程中，我明白让世界上每个人都具备常识，比让这个分裂的世界下滑到自我破坏的深渊要好。

我不能实现其中任何一个的无能并不困扰我。幻想作为一种消遣本身就足够了。

我现在最喜欢的幻想是写一个格式塔宣言，包括四个命题：

(1) 格式塔基布兹；

(2) 库比提议一种新学科：治疗师-教师-心理学家；

(3) 把大学分开，形成教学和研究部；

(4) 我们的社会分成适合者（fits）和不适合者（［non-fits］受到 E. 德雷克霍斯［E. Dreykhos］的启发）。

最接近实现的——

"立即停止它。"

——这是格式塔基布兹的想法。

"我告诉你停止它，把之前的一些遗留问题处理好。"

有很多兴奋产生——

"你只是想让你的基布兹在这本书里获得宣传。"

昨天我们获得了官方许可。嗨，你，我不需要宣传。

"没关系。至少你现在听我说了。听着！那份宣言属于这本书的末尾或者是附录。继续你的六个工具。或者你色欲的中断。"

你疯了吗？我放弃色欲？我说的是强迫性色欲产生了第一个突破。现在我建立了一种新的强迫，也就是写作。现在我的生活里已经很难再有一个自由玩乐的早晨，一顿泡着热水澡、满身泡泡、进行按摩的早餐。在我新墨西哥州的基布兹里，我真的怀念这些。

"弗里茨。"

?

"我警告你！你又变得鬼鬼祟祟了。"

好吧。我投降了。但是，我不会说哭泣的分类或者热椅子的体验。

"行。至少你现在上道了。空椅子呢？"

我以前说过了。空椅子是投射-认同的把戏。

我爱这些蜂鸟，它们是空气中的舞者。我看到一只可爱的绿色蜂鸟在浴室周围的灌木中飞。

"它们和空椅子有什么关系？"

一切。它们就在那里。它们是真实的。空椅子是全空的，等待被幻想的人和物填满。

"比如？"

比如把空椅子放到空椅子上。你体验到什么？

"如果我是一把空椅子，我就会感觉没有用，除非有人坐到我上面，把我当作支持。哈。很有意思。我一直以为我不需要任何人。"

现在告诉我梦里的一个人或者物品。

"我不记得任何东西。"

把弗里茨放到空椅子上。

"弗里茨，我不记得任何梦的材料。弗里茨说你在撒谎。我只记得一个公文包。"

现在坐到椅子里成为公文包。

"如果我是一个公文包，我就会有很厚的皮，携带着秘密，谁都不许获得这些秘密。"

现在我离开舞台，你"写个剧本"，这是我换椅子和展开一个对话的时候使用的术语。

你正让我好奇起来。我想要掌握你的秘密。

你不能。你没有打开我的钥匙。

我就是钥匙。我强壮而且做工很好,但是我的功能有限。我只能操纵一个锁。

扮演锁。

来吧,钥匙。我在等你。来打开我。到我里面来。

我们完美匹配。我可以任意扭动你。

锁说了什么?

谢谢你。我不再需要你了。你可以去垃圾桶了。

你这个婊子。

我们从这里去哪儿呢?

你在问谁?

你呀,弗里茨。

把弗里茨放到空椅子上。我给你一个你自己个人化的弗里茨。叫他 P. F.,你可以把他带回家,在任何时候使用他,免费。这就是"随叫随到的弗里茨"。

P. F.,我现在要怎么做?

你在回避什么?

打开公文包。里面什么都没有。我感觉被骗了,P. F.。

凑近看。

嗯。一些纸屑。捐赠的三头奶牛。给工艺品店的捐赠。一台水泥搅拌机。一辆卡车。

你怎么说?

我现在离开了空椅子。我想要和你工作,弗里茨。

我现在做了什么?

你把格式塔基布兹的捐赠放进来了,你作弊。

你是我的投射，不是吗？你就是我。我们彼此之间没有秘密。

下面是一个双重投射的故事。一个精神科医生发明了一个简化的罗夏墨迹测验。他使用了三个基本图形。

一天，在检查患者的时候他画了一个三角形。这是什么？

"这是一个帐篷。这个帐篷里有两个人在性交。"

然后他画了一个长方形。这是什么？

"这是一张大床。两对人在上面性交。"

然后他画了一圆圈。这是什么？

"这是一个圆形剧场。有十几对人在性交。"

你的头脑里似乎有很多性的内容。

"但是医生，这些画可是你画的。"

"弗里茨，我毫不怀疑你头脑里有性的内容。你讲了三个基本图形的故事。你把锁看成婊子。"

你说得对。我的头脑里有性。我讲了故事。我把锁变成一个婊子。

我不愿意谈论"力比多决定我的命运"，把责任放到力比多或者无意识之上，就像弗洛伊德那样。我也不愿意为我的性发展承担完全的责任。

我欣赏天主教对性的观点，认为性是顺应自然。性和生孩子是不可分割的整体过程。

我被抛入这个世界，而过程被当作一个我们不知的秘密，成为一个谜。

我被抛入一个心灵和身体被分开的世界，心灵成了一个谜。一个额外不死的灵魂制造了进一步的复杂。

我被抛入了一个性活动和生殖被分开的世界，一个性变成禁忌、病态和操纵的世界。

我被抛入了一个孩子不受到相爱的两个人深度渴望的家庭。

我被从粗俗生活中收集到的知识搞迷惑了。

我被弗洛伊德伪科学的性理论搞迷惑了。

我被"我对性什么时候好,什么时候不好",以及"什么时候我好,什么时候我不好"的无知搞迷惑了。

我在青春期时最困惑。我应该责备我的父母缺乏理解吗?责备费迪南德的勾引吗?责备我自己"坏"吗?

我曾经"好"了很多年,直到慢慢地变"坏"。

我花了好多年时间才理解道德问题,再一次地,有机体的观点提供了澄清。

到了九岁的时候,我获得了更多欣赏。我的爷爷奶奶常说:"他是集上帝和人类的爱而生的。"

我一定是个可爱的孩子。与人亲近,急于取悦和学习。长长的卷发,在反抗和泪水中成了学校的牺牲品。

我很小就可以读书了。我父母家里基本没有书,除了两个例外。我父亲有一本日记,锁在他自己的房间里。那个房间是神秘的。我想我坏孩子的日子就是从闯进那间房间并探索那个房间开始的。更可能的是,它们发生在我从温暖而安全的小学转到奇怪、氛围严苛的文理中学期间。

在我爷爷奶奶的家里我可以找到很多书。我常常躺在地板上读马克·吐温,还有很多其他书。

实际上,收集这些记忆以照亮我的童年是有预谋的。我在扫描。我不是为我自己这样做,而是为了一个观众,就"仿佛"我被请求写我的自传,"仿佛"我应该以弗洛伊德的方式来寻找解释。

进出垃圾桶

我在鲍勃·霍尔（Bob Hall）的房子里、在熨烫室写东西。我打开一本占星的书。我属于"巨蟹座"，上面写着："月亮赋予接触、收集的欲望，它鼓励好奇并强烈影响情绪。它预示着将人们吸引到你身边的能力。"多么不可思议地贴切。补充"一个强力顽固的知识分子"，你已经涵盖了我的很多身份。占星术，另外一个谜。

我在反复说"谜"这个词。几分钟前我搜索的时候，我在几个"谜"一样的偶然事件上短暂停留。

除了我父亲锁起来的书，我有接近一系列"谜"的途径，我们家的女用人每周给我读一次书。

我的姐妹们和我大多数时候是亲密的。有一次她们在院子里玩游戏，我被排除在外，一个男孩保镖站在一旁。我怀疑是性游戏。我是怎么有这个怀疑的，我不知道。我只能确定有些神秘的事情发生了。

与谜紧密相关的是敬畏。

宗教和教堂里相关的事情不会制造任何敬畏。我经常发现这些人做的事情是奇怪而特别的，把祈祷文带出圣所，用奇怪的语言、特别的姿势和语调读着。

我们必须学习希伯来语。一切都是去个人色彩的，除了一个例外。比如，在一次意外之后他们对我的鼻子感兴趣，这在我的记忆中非常生动。

我们三个孩子经过一栋正在建造的房子，大风把一个很重的围栏吹翻了。围栏的边缘擦伤了我的鼻子，砸到格雷特身上，砸坏了她的腿。工头惊慌失措地跑出来，重复着他是无辜的；救护车把我们带到急救站。我喜欢那种兴奋和大惊小怪，但是当他们在我的伤口上擦碘的时候，我还是叫了出来；我喜欢之后检查我的伤口时候的大惊小怪和郑重其事，因为我的鼻子甚至没有真的受伤。

我喜欢我在受戒礼上获得的崇拜和礼物，每个人都为我出色背诵出祈祷文感到骄傲。我甚至收到了施陶布家的礼物。有几个星期我从害群之马的身份中刑满释放出来。

也许让我获得这样一种身份最主要的事件就是我闯入父亲的秘密房间。

我已经设法保留了钥匙，当没有人在家的时候就溜进去。

我发现一种难以描述的脏乱。我父亲从来不允许任何人进来打扫。里面有等待被探索的书籍。但是多么令人失望。它们都是与我父亲的爱好和野心相关的：成为共济会的头目。

他爱被人称作"发言人"，蓝色宽边彩带围在脖子上，长长的茂密胡须，一个有力的形象，他的外貌的确是不同凡响。

他从来都没有成为已经建立的大分社的头目，所以他创立了自己的分社。几年之后他们扩大了，他建立了一个新的分社，作为他表演和长篇大论的观众。你可能已经从《魔笛》中了解到了，一个新皈依者被介绍入分社，要经历严酷的考验以显示自己成为秘密教派一员的勇气和价值。

当我大约十八岁的时候，我已经通过了我"坏孩子"岁月的僵局，他决定，是时候介绍我进入他的分社了。我好奇于穿透那种神秘的面纱，并且准备好经历那种严酷。

多么羞耻和失望啊！我被蒙住眼睛。两个男人带我穿过一些大厅和房间，砰砰地关上门，我听到一些噪声，据说本应该是令人害怕的。之后，一些强迫性仪式。我无法保持一副正直严肃的面孔，再也没有回去过。

然而，在聚会中，比如圣诞节，我的父亲成为粗俗幽默的他自己。他喜爱跳勇士波尔卡（krapolka），喝酒、亲吻。实际上，他选择旅行推销员作为自己的职业，销售品质卓越的巴勒斯坦红酒。当然，他不是一个"旅行推销员"，他是罗森柴尔德公司的"首席代理商"。

有一次他说了一句让我深恶痛绝的话。"那又怎么样！就算我把自己喝死，我的儿子也会照顾家庭。"

大体上，我恨他和他的自以为正确，但是他也可以是充满爱的、温暖的。我的态度在多大程度上受到了我母亲对他的恨的影响，她在多大程度上用这个毒害了自己的孩子，我说不好。

我闯入秘密房间本不会有严重的后果，如果没有发生一件事的话：一个小猪存钱罐，里面放着一块金子，是给埃尔莎的未来财产。我取出了那块金子，用它给我帅气的金发基督教朋友买了邮票，希望能够买到他的友谊或者以此作为我们友谊的纪念。我为那次偷窃获得了那么多责备，又有那么多次我需要为之付出代价！

当偷窃被发现的时候，我带着恐惧跑出去。我睡在一座奇怪的房子的楼梯上。我没有钱。然后我拜访了住在柏林另外一边的一些朋友，得到了一些食物和车费，我把车费留起来，买了第二天的面包。

然后我心里嘀咕：也许"他们"觉得我自杀了，"他们"不会像"他们"经常威胁的那样，送我去少管所。也许"他们"甚至会为我还活着而开心。

所以我回去了，发现了一大群眉头紧锁的人，包括欧根叔叔——我妈妈的哥哥，他是个医生，另外一个浮夸的混蛋。定结论的人是我的父亲："我会原谅你（记得吗，他是共济会的人，原谅是那种修行的重要功能，莫扎特优美的男低音咏叹调，是我父亲最喜爱的歌曲："此等神圣房间，汝之仇恨不驻"），但是我永远不会忘记你对我做的事情。"够简洁，对吧？

我在文理中学的地位已经恶化了。主任有个波兰人的名字，可能是为了证明他的雅利安血统，他非常非常民族主义。学校是新的，他聚拢了一众员工，套用丘吉尔的话可以很好地描述：很少见这么少的老师能够折磨这么多学生这么长时间。基本的态度就是纪律和反犹太。

我入学考试不及格，被送到一个辅导老师那里，他喜欢我的聪明，并随意利用这点来贬低我的同学，一个劣等生。有次在我去他家的路上裤子弄上了屎。尽管我想办法在一个公共厕所清洗了大部分，但是我一定很难闻。那个辅导老师整个过程中一直在闻，非常怀疑我的同学。我一个字也没有讲。我相信，这是我的第一个不诚实行为。在文理中学接下来的岁月里我学会了很好地撒谎。

在我们的班级里一共有四个犹太人。克拉夫特（Krafft）成了一个精神分析师。席尔德克劳特（Schildkraut）在电影界为自己赚得了名声，霍兰德（Holland）为玛琳·黛德丽创作了很多优美的歌曲。

在我们被记过之后，我们的父母就会得到通知，邮资已付的通知。我卡在对学校的恨和对父母责备的恐惧之间，直到我想出一个解决办法：等邮递员，拦截学校的信，伪造我父母的签名。最终这个也被发现了。但是当然，我慢慢地让我的母亲走向了绝望。她生命中的巨大雄心消融了；我成了难以驯化的人，弄断了她鞭子上的线。一次，为了逃离她的控制，我锁上了门，砸碎了门上的玻璃，对她做鬼脸，享受她无力抓住我的快乐。

我在学校里的情况严重恶化，以致我不得不复读七年级，然后还是不及格，最后被赶出了学校。在那时的德国，没有任何人想过：一个聪明、温暖的孩子辍学也许不单是他的错。

另外一个辍学的是费迪南德·克诺普夫，给我性启蒙的人，我很自然就接受了他做我的头儿。我们从未彼此理解，但是他向我讲述了他的姐姐的冒险。我很容易就勃起了，但是因为太小没有射精。然后我的第一次性交就发生了。

我们买了一些糖块儿（每一步都是他的建议），找了一个妓女，妓女似乎在意他。我们两个都是十三岁，但是他看起来大一些。

我们坐市内火车到了绿林，离柏林很近。他们一路上一直在聊天，我紧张不安，一言不发。在森林里我们保证彼此不偷看。我克制了我的好奇。轮到我的时候，那个女孩很快因为我不能高潮而不耐烦，把我推开了。我回头，费迪南德在偷看。我感到被背叛。

之后，很快地，他的领导对我产生了巨大影响。

在被赶出学校之后，我成了一个纺织品商贩的学徒。我愚弄了老板，然后被开除了。费迪南德还是像以前一样有魄力，为我们找到了另外一所学校——阿斯卡尼文理中学（Askanische Gymnasium），一所开明的学校。我通过了入学考试，喜欢好几个人本主义取向的老师，我在毕业考试中写了很出色的文章，他们免除了我的口语考试。

尽管我当时已经开始我的多重生活，还是发生了这样的事。还是它解释了……？？？

在我去旧金山的路上，我在蒙特雷逗留并参加了一个"沟通分析"（Transactional Analysis）学会的座谈会。我喜欢"沟通"这个词，它暗示着言语交流中一些真实的东西在发生，大于惯例的交换，大于言语乒乓，大于"谁是对的"游戏。我喜欢艾瑞克·伯恩，我尤其喜欢鲍勃·高尔丁（Bob Goulding），他是个协调者。我有一个善意的年轻对手，实力与我不相称。我感到失望，艾瑞克不是我的对手。

艾瑞克对角色扮演的强调一直令我印象深刻，然而我在我的对手身上看到的是幻想破灭。它不仅看起来像是从弗洛伊德理论上摘下来的一片叶子，而且看起来否定了艾瑞克·伯恩自己的格言，也就是我们正在扮演角色。我能观察到的两个角色是父母和孩子，他们真是太把这个当回事了。他们玩的真实游戏是，强迫性地对每个句子进行分类，将其要么归为孩子要么归为父母，这个游戏还没有被命名。成熟、整合和超越角色扮演的思想似乎是陌生的。就像正统精神分析一样，兴趣还是在中间区域。和世界及自己接触似乎不是我的对手的取向的必要部分。

我喜欢其中的一个游戏：集邮。如果你有一本绿色的集邮册，你就有资格感觉到很高级；如果你有一本黑色集邮册，你就有资格抑郁，也许甚至自杀。

> 然而我羡慕艾瑞克的成功，
> 是的，我承认我嫉妒，
> （你拥有出色的嗅觉。）
> 艾瑞克的论文炙手可热——
> 位列最畅销书一百周之久。

在舒茨的打开（turning-on）和冈瑟（Gunther）们上百种花招，以及单调、贫乏的伯恩这两种角色限制之间，应该有其他东西。至少偶尔地给我一个变成丑陋青蛙的王子。

我刚意识到我漏掉了伯恩的方法的一个重要优点。赖希给了弗洛伊德的阻抗概念一个身体，现实的一个方面他叫作铠甲。伯恩给了弗洛伊德的超我一个具体的对手，即儿童。弗洛伊德的超我概念主宰着抽象的概念，比如本能、自我、行动。伯恩因此建立了一种真实的极性。

我管这些对立方叫作上位狗和下位狗，强调控制的需要和怨恨、要求，相互的挫折。

这些内部冲突，比如说父母和孩子、丈夫和妻子、治疗师和患者之间的冲突，我把它们看成意图——经常获得成功的意图——保持现状：杀死未来，避免存在性僵局和它的伪痛苦。

我看到，一旦对立方进入感官，主要是耳朵，这些冲突就会消退，整合与和谐发生。这不是耍一种语义上的花招，让听觉和理解等同。这是真实的沟通。

理解（understanding）的谦虚与出于控制需要的碾压（overstanding[①]）、自以为正义形成对比。

如果能调动一个人的潜能，斗争就是好的，就像在很多运动和智力竞赛中那样。它是基于成长的快乐的。

如果它是由偏见和自以为正义调动的，那么斗争就是坏的。它是基于破坏的快乐。

这样是"好的"，那样是"坏的"。判断，道德，伦理。

它们来自哪里？它们是自然的一部分，是上帝的旨意，还是法则制定者的心血来潮？是什么让我们攻击"坏的"，崇拜"好的"？

[①] 此处的 overstanding 是一个皮尔斯为了和 understanding 进行对照而发明的词语，under 表示在下，所以是谦虚的，而 over 表示在上，与 under 相对，引申为"傲慢"。——译注

到了尼采和弗洛伊德的时代，意识被视为一个人最有价值的遗产。康德仍然把绝对命令与永恒之星并列。

把这点与希特勒的愤世嫉俗相比较："我可以随意宣布谁是敌人谁是朋友。"

天主教的观点认为我们生而有罪，生命中存在道德缺陷，这让事情更复杂。

就如达尔文废黜了人类作为极其特殊的、与其他动物不相关的神圣创造物角色，弗洛伊德也揭穿了意识的神圣性。他清晰地表明，通过爸爸和妈妈，社会文明闯入了人类的动物性。他清晰地表明人类社会禁忌通过内摄机制与内化的警察而不断延续。

他还没有准备好接受人类的动物性，包括性这种动物属性。他必须正当化它。在他的婴儿理论里仍然存在天主教恶的影子，包括他把多种形态的变态投射到孩子身上。

"我们能向前一步，把好/坏二分法看成有机体功能吗？"

我相信我们可以。我们可以把这种二分法当成一种投射性的有机体反应。

> 我理解得对吗？
> 我相信你说的是，
> 如果我们投射性地反应，
> 我们就知道好和坏。

这是之后出现的。这就是对投射行为的反应。

> 我发现，不可思议，
> 你说的话确认了，

> 你把我弄疯了,
> 用你浮夸的词汇。

相反。我光明正大的意图是驱策你清醒。

> 你全盘否认
> 刺激-反射。
> 现在你利落地溜进来,
> 把反应行为找回来。

把反应找回来,是单数("bring reaction back"),不是复数("backs")。

> 对我的小歌曲,
> 你反应很冷淡。
> 说得刻薄又伤感:
> 怪我又坏又荒谬。

你现在走近了。如果你没有打扰我,我本来可能已经开始讨论"好"和"坏"这种有机体功能,我可能甚至冒险进入一片奇怪的土地:道德的化学课。

"?????????????"

弗洛伊德是一个"位置者。"也就是说,他的取向是拓扑学(topologically)的。他把东西推来推去;他对事物进行放置。尽管他把"置换"这个词用于一些特定事件,但是他的大多数理论都可以用空间运动来理解。听上去矛盾。乍一看,弗洛伊德的取向似乎是时间的,因为他对过去的投注是明显的。

"你又抓住弗洛伊德的不是了?"

完全不是。我尝试接触到他。你可能会说我以我自己的理解使用他。我使用三种形式的拓扑学(投射、内摄和内转)有二十五年了,绝对是跟随了弗洛伊德的思考,但是我否认这一思考在其他事情上的有效性。

"给我们一些例子。"

拿"移情"来说吧。它的字面意思是把一个物品从一个位置放到另外一个位置。这个词语已经被添加各种含义而面目全非了,比如信任、固化、对支持的要求等等。最初它的含义是把一个人对父亲等人的感受转移到治疗师身上。之后这个词的含义模糊了,成了方法上的花招。负向移情不再是指从贷方到借方的转变,而是指负向的行为显示,比如敌意行为。

意识和"那个"无意识也是位置。无意识成了一个"错误"地放置东西的地方。口唇、肛门和生殖器都是放置力比多的位置。

弗洛伊德对图形/背景的命名是灌注:"Besetzung",位于上面,占据一个位置——只是他在改变需要最多自由的地方涂了一些胶水。换句话说,过程被忽视了,被机械性思考盖过风头。

这一点在他的内摄观点里再清晰不过了。客体这一秒在外面,下一秒在有机体里面。碾磨的机理过程只是被暗示,化学是不存在的。

食物被碾碎成糊状物之后,需要被消化液进一步降解。心理的和生理的食物,除非被分解到氨基酸等层次——也就是成为细胞可以处理的基本物质——否则就不能被有机体用于特定需要。

这就是零点。这是同化的时刻,是把外来的东西变成自体的时刻。在这一点上，有机体处理自己的需要、胃口，它的零点以下的东西（一）。

下一步是累积和处理不需要的化学物质，防止到达中毒和对有机体不利的情况。从生理角度而言，通过肾脏、肝等，一个解毒过程发生了。为了达到零点，有机体需要减少它的不需要的物质的累积（＋）。

有毒的人缺乏一种功能良好的毒性减排系统。

有机体的行为和人格行为，我们离真正理解这两者之间——也许是二者的同一性——的关系还很远。

"我看到你走了一些捷径，**而且**你把你的化学扯进来了。我还是不明白化学和道德之间的联系。"

我喜欢这样的表述——道德最初不是一种伦理，而是一种有机体判断。让我们回到我的"坏孩子"岁月。我的行为让我的父母感觉糟糕。他们感到恼火、愤怒、恶心。他们没有说："我感觉糟糕。"他们说："你很糟糕。"或者好一点："你让我恶心。"

换句话说，最初的反应被投射出去，成了一个道德判断。下一步是一些形式的行为被社群称为"坏的"，甚至被提高到"犯罪"的程度。

同样也适用于相反的情况。一个善于取悦的男孩让他的环境令人感觉好。现在他被贴上"好"孩子的标签，有权享受表扬、棒棒糖和大餐。

条件化、自我边界、教育、公正、改变、投射，还有更多的现象开始落入各自的位置。

我、你、父母、社会、配偶说：

"你的在场令我感觉良好，我感觉舒服。

"我唤你'好人',我希望你**一直**和我在一起。
"我希望你一直如此。"

我、你、父母、社会、配偶说:
"我对你感觉不好。你让我不舒服。
"如果你总是让我感觉糟糕,那么我不想要你。
"我想清除你。你不应该存在。
"你所在的地方,应该是'空无一物'。"

我、你、父母、社会、配偶说:
"我对你的感觉有时候好有时候糟糕。
"当你好的时候,我流动着欣赏和爱,
"并允许你共享。
"当你糟糕的时候,我感到被毒害和惩罚,
"我流动着仇怨和愤恨,
"并让你分享我的不痛快。"

我们说:"我们不忍受你从好到坏又到好又到坏再到好再到坏的变化。我们想要改变你,用奖励和惩罚令你形成条件反射。我们用重新条件化好行为的方式教育你,直到你,魔鬼,变成天使,或者至少变成一个天使的摹本,直到你成为,我们,我们,我们,想让你成为的样子。"

我们把责任转嫁到你身上。我们没有了责任,失去了我们对我们的不舒服的觉察。我们让你为行为负责,也就是你需要回应我们的需要。我们指责你,并且我们对你做出反应。

我们可能是像卡尔·罗杰斯一样全部接纳的圣人,或者是怒不可遏、气鼓鼓、坏脾气的厌世者，拒绝一切对隐私的侵入。我们可能杀死或者囚禁你，哪怕你仅仅展现一丁点儿的偏离路线。如果你是个坏人，那么你必须被隔离，直到你悔改并且承诺做个好人。如果你是个孩子，那么你会被攥进你自己的房间；如果我们叫你罪犯或者心理变态，那么你会被关起来；如果你反对一个独裁者，那么你会被送进集中营。

如果你是个好人，那么我们认同你，因为你认同我们。如果你是个坏人，那么我们排除你，因为你不属于我们。如果你是个好人，那么我们和你融合。如果你是个坏人，那么我们在我们和你之间建一道墙。两种情况下我们都没有接触。因为接触是对差异的欣赏。融合是对同一的欣赏。隔离是对差异的谴责。简而言之，好与坏的体验调节着自我边界的结构。

伊萨兰再次陷入危机。经济僵局被克服了，但是一些更基础的东西面临危险。在美国内外，因为人本-存在主义革命，因为发现和提倡新的精神健康与成长，以及人类潜能的发展方式，伊萨兰成了一种象征。

迈克·墨菲过度焦虑于给每一个人机会去"做他的事情"，出于保持经济良好的需要，他没有充分地区分并清除杂草，或者至少防止它们让花朵窒息。伊萨兰的历史使命危在旦夕。未经培训的年轻人带领会心团体："我们不使用 LSD 就能打开。诊断和对边缘个案的干预见鬼去吧。让承诺的'自体实现'没有发生而带来的失望反应见鬼去吧。"

如果美国的中产阶级了解一个事实，即他们可能变得有生气，如果他们有一定的机会看到除了制造和照顾事情之外生命中还有更多东西，那么这可行。

但是他们没有准备好。如果人们告诉他们，这个或那个花招或者技术是种正确的方式,而他们害怕大声反对,那么他们以另一种方式变得虚假。

我们刚开始发现带来成长进而改变的有效手段和方式。这会陷入另外一波的潮流与时髦,除了制造抵制而一无所获吗?虚假会占上风,还是真实和真诚的人会留下来?

与研讨会不同,这里大多数员工都是真实的人。他们赚很少的钱,但是获得了做自己的特权。他们中很多人美丽而可爱。当然,有些是坏蛋,虚假风气也会进来,但是通常这样的人早晚会离开。

如果没有这些员工的话,伊萨兰就不会是一个独特的地方。在我生命中从来没有像这里一样的地方,有这么多人让我爱并尊重。

除了塞利格,我会特别选出埃德·泰勒和特迪,他们是这个世界上我可以无条件信任的人中的两个。

埃德是巴巴罗萨(Barbarossa),也就是红胡子,一个钢琴家和烘焙师。我几乎可以说是他烘焙的面包让伊萨兰出了名。我喜欢和他下棋。大多数的棋手都致力于赢,强迫性的计算机,花费我大量时间,当他们输了的时候就变成义愤填膺的仇恨者,忘记了他们在玩一个游戏。

埃德不是这样的。我们就是玩。我们获得乐趣。我们其中一个人成为王只是游戏的规则之一。每一步棋都不是无法补救的投入。我们把它留给真实的生活。

特迪是一个精制(fine)的女人。这听起来有点儿苍白。让我们换句话说,她变成了一个出色的女人。我知道人们轻易地使用"精制"这个词。我很少使用。精炼(refine),炼化(finery)。一种好的质地。她没有任何粗鲁的东西。作为一个活跃的人,我喜欢她相反的、不爱出风头的存在方式。我们的友谊里有浓厚的爱、赞赏和相互的不赞同。和特迪在一起，我总是知道我的位置。

我对罗拉就不能说同样的话。这么多年以后，我仍然感觉困惑。我们相识于四十多年前，通过弗雷德·奥马德法泽尔（Fred Omadfasel）相识，他也在戈尔德施泰因的机构工作。

她是三个姐妹中年纪最大的。我喜欢她的妹妹莉泽尔。当我们1936年在荷兰再次见面的时候，我们有一些有爱的会面。与罗拉的沉重、智性和艺术性不同，她是简单、漂亮和挑逗的。最早的是罗伯特（Robert），孩子时，罗拉显然曾经轻视他。罗伯特和我互不喜欢，我们从来没能够消除隔阂。当我第一次去美国时，我一个人和他的家人短暂生活过一段时间。至少说，那段经历很不愉快，像是延续了十七年前在德国的情景，当时我被看成一个竟敢闯入上流波斯纳家族的流浪汉。

实际情况是反过来的。我好几次尝试离开罗拉，但是她总是抓住我。

我之前提到过罗拉的父亲，他喜爱罗拉，溺爱她，总是让她自己做主。她的妈妈是一个非常敏感的女人，热爱钢琴，听力困难，这是她后撤姿态的一部分。罗拉非常不喜欢她。我倒是很喜欢她，她也喜欢我。她去南非看我们，坚持要回来，甚至带着她贵重的珠宝，难怪她会惹恼纳粹。

写罗拉的时候我感觉不好。我总是感觉到一种防御和攻击混杂的感觉。当雷娜特——我们最大的孩子——出生的时候，我很喜欢她，甚至开始让我自己妥协做一个已婚男人。但是当之后任何差错都要怪到我头上时，我开始越来越多地从我的**一家之主**的角色中后撤。她们过去过着，也许仍然过着一种非常奇特的缠绕的共生生活。

史蒂夫——我们的儿子——在南非出生，总是被她的姐姐当成一个傻瓜。他朝着相反的方向发展。雷娜特是一个虚假的人，而他是真实的，慢性子，独立，在寻求和接受支持方面相当恐惧和固执。去年圣诞节我收到的第一封私人而温暖的信件正是他寄来的，当时我很感动。

我们有四个孙子孙女。还没有曾孙。

也许有一天我会想要厘清我自己，会写写我围绕罗拉进行的窥阴癖，写写她有时聪慧的洞见和我生病时对我的关心。

现在对我来讲我们基本上是互不相干地生活，有几次相对高峰的暴力争吵体验和爱的体验，花费大部分时间玩无聊的"你能打败这个吗"游戏。

和我们很多朋友一样，罗拉反对管我们的取向叫"格式塔治疗"。我考虑过集中疗法或者类似的叫法，被拒绝了。这本来已经意味着我的哲学疗法最终会被分类，进入上百种其他疗法中，在某种程度上已经向此发展。

我被置于全或无的位置上。没有妥协。要么美国精神科有一天接受格式塔治疗，将其作为唯一现实和有效的理解方式，要么在内战和原子弹爆炸的碎片中灰飞烟灭。罗拉没管我叫混蛋和徒劳的预言家的混合体。

1950年，阿特·切波斯（Art Ceppos）获得了出版书的机会，就如他大多数出版物一样，不走寻常路。他显然是在赌博，但是他善于赌博。《格式塔治疗》的销量每年稳步增长，现在，18年后，仍在增长。

当时我的预期是，花五年让书名流行，另外五年让人们对内容产生兴趣，又五年获得进一步接受，再来一个五年格式塔火爆起来。这就是现在正在发生的事情。我的哲学在这里立住了。疯狂的弗里茨·皮尔斯成了科学史上的一个英雄，有人在会议上正是这样称呼我的，而且是发生在我的有生之年。

两年以前，我们在 APA 大会上几乎没办法凑够一个小组。去年，我获得了起立鼓掌欢迎。我们举办了一场令人感动的 75 岁生日庆祝宴会，撰写了文集——一本格式塔治疗贡献集合，并拍摄迪克·蔡斯（Dick Chese）的影片。

乔·亚当斯（Joe Adams）令我惊喜。他住在海岸边的一所房子里，是一个非常害羞、不爱出风头的人。我从来没有想过他会欣赏我和我的工作；他从来没有参加过我的任何研讨会。这是一次知识渊博的关于不朽人物的讨论，皮尔斯有幸位列其间。

另外一位是阿诺德·拜塞尔（Arnold Beisser），他的论文在文风和内容上都称得上是上乘之作。

我已经认识阿诺很多年了。哈喽，阿诺。如果只是在幻想中，那么和你相处很好。我知道我们是彼此相爱的，然而当我们见面的时候几乎很难免于自我监控。你坐在轮椅里看起来那么脆弱。我从来没有问过你，当你想拥抱某人却不能自由地张开双臂时是什么感觉。在你多年深入参与运动之后，却小儿麻痹发作，几乎丧命，过这样的生活需要多么大的勇气。

你在你的培训中心过得怎么样？丽塔怎么样？我想要告诉你你写了一篇多么棒的论文。只有少数人能理解改变的悖论。

我经常认为我没有被认可是因为我领先我的时代 20 年，但是我看见你对迅速改变的时代具有很好的视角。

当克拉克·汤普森（Clara Thompson）建议我成为华盛顿学院的培训分析师时，我拒绝了。我拒绝接受适应不值得适应的社会这样的概念。所有历史上布道适应某个点的流派都已经成为过去，它们不过制造了迷失的灵魂。

我，我们，在自己身上创造了一个坚实的核心；我们变得像岩石一样，被海浪包围着。

我知道这是一个很夸张的比喻。你把自己的标记打在环境中而不是对其做出反应。

感谢你，阿诺德·拜塞尔，谢谢你的理解、信任和勇气。

在和患者或者我遇到的人工作时，我特别留意他是想要取悦我还是令我不悦，是想要扮演好孩子还是坏孩子。

如果他想令我不悦，控制我，和我斗争，取笑我，挑战我，那么我不感兴趣。实际上，我在掌控，因为我不想要控制他。我可能拒绝和他工作。在我把他从热椅子上撵走以后——或者在罕见的情况下，把他从团体里面扔出去，如果他太具有破坏性的话——他经常会在下一次回来并且带着令人惊讶的准备工作态势。毕竟，在每个欺凌者背后都有一个胆小鬼，就像每个好孩子身上都有一个恶毒的熊孩子。

好患者，就像好孩子一样，想要用自己的行为行贿。如果治疗师对童年记忆感兴趣，他就会带来大量的记忆。如果治疗师是问题取向的，他就带来相应的问题，如果他的问题不够用了，他就制造新的问题。如果需要体验，他就会调动自己的歇斯底里，将戏剧性发挥到极致。他会给诠释家（interpreter）[①] 一些谜题，在鼓动兴奋的人面前晕倒，对劝说者抛出疑问，等等——用任何东西来维持自己的神经症。

我们回到我们开始的地方，也就是认同的问题。我们是认同了我们真实的自体还是其他人的要求，包括自我意象的要求？这

[①] 这里指的应该是以解析来工作的精神分析师。——译注

些要求来自环境和内摄，把我们放到反应的位置而不是行动、表达、向外的位置上。那些适应的理论给社会要求以偏爱。很多哲学和所有的宗教都谴责有机体的需要，说它们是自私的和兽性的。当然，最好的解决方法来自自体和社会的需求和睦共处的时候。说到社会，我包括了父母、配偶、治疗师、老师和依附的人；既包括外部社会也包括内在社会，内摄。取悦自己或者其他人，无法做出决定的人，构成了神经症冲突。

两方都充满危险。如果我们站在天使的一边，那么我们需要牺牲、否弃、异化、压抑、投射我们大量的潜能；如果我们认同我们的需要，我们可能会被惩罚、驱逐、蔑视，孤立无援。

治疗性解决办法是现实性，意识到我们很多的灾难性预期是不合理的，我们很多的内摄是过时的，只是一种负担。通过与环境和自体接触，患者学习到区分幻想和对现实的评估。

然而个体和社会之间的冲突是明显的，每个人都明白这点，然而出卖给社会和自食其力之间的冲突不是新鲜事，然而妥协者和反叛者之间的区分不会因为年龄而改变，然而人们对这些冲突的内化一无所知，如何能发现一种整合的解决方法。

这样的冲突要求一种对自体边界（self-boundary）和自我边界（ego-boundary）功能的理解。两者都是接触边界。"自体边界"这个表达是正确的；"自我边界"这个词被限定到个体，但是它的原则适用于所有的接触边界。这些边界被认同/疏离二分法决定。这个调查希望能够带我们到达最重要且最困难的现象——投射。

我想中断这个苍白抽象的讨论，用一个例子来突出我们调查揭示的结果。

一群公民正在投身于消除黑人和白人之间的隔离边界。通常，自由战士认同黑人的苦难，并要求黑人认同他们的努力。在他们参与这种整合过程的时候，另外一种边界被制造出来，自由战士和反自由战士之间的二分法。

在第二次世界大战期间，盟军和纳粹之间的边界，快速转变成另外一种边界，人们称其为"铁幕"（iron curtain）。

我可以背诵出几十种例子，这类边界总是存在于个人、家庭、小团体、宗族、民族、社会阶层之间，由此可推断出，诸如美利坚合众国和所有人类都是兄弟这样的想法缺少整体情境的视角，因此导向了盲目的乐观。

在德班的时候，我们有一个包括白人、黑人、印第安人在内的国际俱乐部。我们与黑人和印第安人都能友好相处，但是所有让另外两拨人和谐相处的努力都失败了。

美利坚合众国的真实边界不是民主党和共和党之间的分裂，或者管理者和劳动者、白人和少数群体、遵纪守法的公民和反叛者之间的边界。

那个边界是"适合者"与"不适合者"之间的边界。

我刻意使用了这些词汇，以避免道德判断，比如好和坏、对和错。

为了理解我关于解决方法的思想，我们需要意识到它涉及一个宏大的计划，就如几千亿的航天项目那样大的规模，但区别是：不是花掉钱，而是它最终会节省几千亿。此外它还可以由任何权力机构实施，或者至少得到考虑和开始。

然而我怀疑在一个技术当道的社会，在近乎无止境的"物化"的计划情况下，这种巨大的人本主义事业能否被理解。唯一的希望存在于承认我们实际上卡在了一个人本主义问题上，一场潜在的公开内战爆发的可能性巨大。

除了少数人，其余每一个公民都属于以下三个分类中的一个。

(1) 适合者。他们制造、交易，并侍奉"物品"，照顾生产者、买卖人和侍奉物品的人。他们经济上是自我支持的，并且形成了一个组织相当严密的社会。

(2) 不适合者。这是一个高度无组织的社会，被错误地标定为很多不同的独立类别：罪犯、疯子、辍学的人、没工作的人、嬉皮士、穷鬼、毒品成瘾者、患者、贫民窟的居民。他们对适合者来说是经济负担，因为这些人需要被支持或者被关起来。

(3) 中间阶层，照顾不适合者。他们也由适合者支付薪水并为其所用。他们包括警察、福利工作者、医务工作者和监狱管理人员、心理学家、医生、牧师等。

重点是这种思想，而不是具体的谁属于哪里的细节。

重点是适合者对不适合者的怨恨，因为巨额的税费将被花在他们身上。

重点是不适合者因为依赖适合者，并且不理解适合者产生的怨恨和痛恨。

趋势总是要通过治疗、忏悔和条件化把不适合者变成适合者。

让不适合者自我支持！适合者，理解共同存在！

至少睁眼看看问题。使用你自己的电脑！

做试点研究。世界上的某个地方应该有社会学家可以负责社会空间项目。将军们认为：集中营不是答案。

> 接触边界，对差异的认可、肯定。
> 墙壁，对差异的谴责、否定。

> 权力还是精神健全？
> 或者：
> 使用权力来
> 修复精神健全
> 将会
> 很好。
> 但是它
> 总是
> 被
> 滥用。

尽管我的幻想离我而去了，但是边界的概念清晰地浮现出来。我感觉满足。

自体的边界可以被叫作感官的显而易见性（obviousness）。只要视线能触及并接触到客体的表面，就存在自体边界。感官会触碰。它们不会穿透表面。为了走得更深，我们需要破坏表面，也就是显而易见的东西。去触碰意思是做到表面导向（surface-oriented）。这是格式塔治疗的主要特征之一。

没有对表面的尊重，我们穿透并分析就会无穷无尽，因为无论我们穿透得有多深，总会遇到另外一个表面。就像洋葱一样，一层被剥掉后出现了另外一层，一层又一层，直到什么都没有了。

弗洛伊德谈过压抑和无意识的回归。如果我们理解显而易见的语言，就无需这种自相矛盾的话。没有东西曾经真的被压抑。一切相关的格式塔都在浮现，它们就在表面，它们如皇帝的裸体般显而易见。假如你分析并思考的计算机没有蒙蔽你，假如你停留在非言语的自体表达、动作、姿势、嗓音等上面，你的眼睛和耳朵就能觉察到它们。假如没有瞄定在表面、自体边界，你就没有希望触及——并且相对应的，没有触及——而是被层层厚重的晦涩言语挡了回来。

接触边界，比如自我边界，除非理解了它的简单性，否则的话它就是一个太复杂的东西。自我边界就像普罗克汝斯忒斯（Procrustes）的床。

普罗克汝斯忒斯是古希腊神话里的人，他爱玩适合和调整的游戏。他只有一张床。因此如果他的客人太高，他就切掉他的脚，如果客人太矮，他就拉啊拉啊，直到客人与床的长度一致。

这就是当我们的潜能不适合我们的自体意象时，我们对自己做的事情。

不是所有的边界都和床一样僵硬。一个来自古巴勒斯坦的故事显示了一个同时是僵硬和易变的边界。

在一个镇子里住着一个妓女。有一天镇里的人决定用石头对她上刑。我不知道原因是什么。也许她多收了顾客的钱或者让他染上了性病。不管如何，当他们要扔石头砸这个女孩的时候，一个男人出现了，他留着金黄色的胡须和长头发，看起来像一个干净的嬉皮士。他竖起他的右手食指宣布：“谁没有罪谁就扔第一块石头。”每个人都丢下了石头。静默着。然后"哪"的一声一块石头砸了过来。

女孩转过头：**"母亲！"**

发生了什么？妈妈的行为没有中断的可能。但是其他人呢？他们突然抑制了？他们计算罪的方程得出多少罪等于罪？他们意识到了自己的投射吗？所有这些都是可能的，但是错过了重点。重点是他们从暴怒的恍惚中醒来，他们获得了和现实的接触，也就是他们获得了一种顿悟体验。

我们这里有宜人的印度洋的夏季气候。有点太热了。我小憩了一会,从生动的梦中醒来,梦到对雷蒙家族说再见,我目前的家族。对爷爷说再见似乎是无法撤回的。我可以再见到其他人,但不是他。梦里我坐在离他很远的地方,亲吻他的手,意识到他坐在那里,我旁边有一只不与任何人相连的胳膊。一只非常强壮的胳膊。

我现在感觉无聊并打起了哈欠。我太懒了不想用这只胳膊做任何事情。

无聊和疲倦。你们过去帮助过我。我不想用皮尔斯的风格处理这个梦,也不用弗洛伊德的联想风格。我想要停在这种氛围中。道别和我对他的崇敬具有某种虚假性、某种强迫性。

我在搜寻意象,我在打哈欠,把他和我的父亲进行比较,比较当我虚假和真实时的拥抱。我对性好奇的改变出现了。

我对女性生殖器的强迫性观看、触摸、操纵,突然改变了性质。

我正在醒来。有东西咔嗒地响了一下。空虚的强迫性贪婪——一种驱力主导下的恍惚——永远不会,永远不会满足。过度补偿一种令人厌恶却又没有止境的好奇。带着恶心和被抓住的恐惧窥探。在最近几天里我醒了过来。窥探已经变成了自由和无内疚的观看,变成了对不同女性阴部的不同性格的兴趣。

关于每个女孩的人格,它们告诉我很多,类似于更肤浅的接吻相遇。性交的体验是高强度和非言语的。我太害羞了,说不出来。自由,没有什么见不得人,感兴趣地睁开的眼睛,没有恍惚,没有干扰,没有对女孩的"塑造"。

我现在扮演爷爷。我难缠且暴躁。我没有展现出多少爱。我正在给弗里茨一个生日礼物。不是那种固定在马上的便宜货。他们可以升高和下降。你看这些马身上有孔，士兵两腿间是有些东西的。你明白我的意思吗？

看看真正的马。多么有力的阴茎。"看看你自己微不足道的小东西！"

我想要为我自己的阴茎进行辩护。曾经有一段时间它是巨大而有力量的，但是到了要说再见的时候。

爷爷，你的死几乎没有触动我。那我做了爷爷会怎么样呢？我收到了雷恩（Ren）的信，里面有莱斯利（Leslie）毕业证书上的照片。第一次没有向我要任何东西，但是我确信这封信只是一个要求的前奏，很可能会由罗拉提出来。

实际上我非常喜欢莱斯利，一个可爱聪明的头脑。与她的妈妈和姐妹的不真诚相比，她有一些真实的地方。

我和特迪总是在她把手稿拿回家打印之前一起反复阅读。她说她不明白自体边界和自我边界之间的区别。我知道我留下了很多松散、悬空的线头，但是我也知道我还不准备对格式塔治疗哲学进行系统解释。我仍然在发现，但是对于总体图形我也有很多部分准备好了。我的第一本书我违反了麦克卢汉的箴言："如果一本书的新思想超过了总体的10%，这本书就不会被接受。"这一次我不是仅仅想要炫耀我知道。我想要你看见我，包括我的求索。也许你信任我，而我也信任我自己，最终我和哲学融为一体。我不情愿说它们会被整合。"整合"这个词看上去像终结。

我又要把弗洛伊德拉出来做比较了。他在临终前说，"分析永不会结束"，而我在临终前说，"整合没有止境"。

他说：你总是可以分析，总是能发现新的材料。

我说：总是有些东西你可以同化并整合。总是存在成长的机会。

弗洛伊德：整合自寻其路。如果你释放了压抑，它们就有了用武之地。

弗里茨：它们可能有用武之地，假如它们不仅仅是作为有意思的洞见而归档——压抑和解放的材料没有如你所正确要求的那样修通，而仍然是疏离和投射，这种情况我见得够多了。我在赖希和其他铠甲破坏者（armorbusters）身上看到的这种情况最多。

弗洛伊德：我不对他们负责。

弗里茨：某种程度上你要负责。你促进了"情绪宣泄"理论。你前后不一，在你宏大的哀伤（grief）理论中，你表明了哀伤，即哀悼的力量，是一种奇妙的、有目的的生存促进过程，而不仅仅是一种宣泄。

特迪：以上这些对话都不能帮助我。我想要明白自体边界和自我边界之间的区别。

弗里茨：好的。现在，特迪，你能让自己伸展到多远？

T：（举起她的胳膊）这么远？

F：现在甚至到天花板。

T：我可以看见天花板。

F：你的视线可以穿过天花板吗？

T：当然不能。

F：所以你能到达你的胳膊、你的眼睛和你的耳朵达到的范围。对吗？

T：对。

F：没有自我参与？

T：就我所能辨别出来的而言，没有。

F：你到了天花板，那是你自己在试图触碰天花板吗？

T：是的。

F：你的自我在试图触碰天花板吗？

T：听起来是废话。显然是"我"做的。

F：现在你有了自体边界。显而易见的东西的哲学。

在这个故事里我作弊了，我怀疑是否有人注意到了。当特迪尝试达到天花板的时候她上演了一个表演。天花板上没有任何她想要触及的东西。因此触及是假的，是一种演示。现象学不是一门简单的科学。皇帝似乎总是快速地穿上一些衣服，制造虚浮而不是触及皮肤。

尽管自我边界的法则适用于各种社会或者多个体的团体，但出于简便的缘故，我想要专注于个人的自我边界。如果不懂得这些法则，所有的治疗和人际关系就停留在基于花招的操纵上。

自我边界是好与坏、认同与异化、熟悉与陌生、对与错、自体表达与投射之间的零点。

我们甚至可以将术语分成左右两栏，把它们放入边界内外。

我一次又一次地回到"认同"这个词。我真的和这个词纠缠不清。我认同感应系统是定向系统，而定向建立在能够识别出某物是 X 的能力之上。如果没有这种能力，那么除了混乱和困惑之外没有别的了。感知和认知似乎在认同过程中融为一体。

一个哨兵让一个男人讲出暗号。"说明你的身份，证明你和我们是一伙的。"身份证件。指纹。证人是鉴别罪犯的一种手段。这里的认同服务于对与错的两极。他是对的人吗？只能有一个人是对的，其他几十亿都是错的。

认同是熟悉，反困惑。

陌生是难以理解的——没有定向的手段。在一个小村庄里，陌生人是在边界之外的，是敌人。一个不知道自己的路的人。他可能惹上了麻烦，但是不能处理。

精神分析师把一个细长的东西认同为阴茎。这符合他的定向，一个他熟悉的系统。

一只猫把一个东西认同为一片鱼肉，属于其营养的世界。

我感觉有点像海德格尔，深入语言，走到语言遇到存在的点上。"认同"触及了两个系统，定向（传感）系统和应对（运动）系统。通过暗号哨兵识别出这个人"为"（as）朋友或者敌人。他"与"（with）朋友相认同，允许他跨过边界、隔离带（cordon sanitaire）。他拒绝或者摧毁敌人。朋友是好的，敌人是坏的。

从国家之间的边界到电子行为都涉及边界原则。一个电容器有一个隔离板，正负两极相对。

接触边界也是一个分离的边界。边界之内的事情和人被赋予正向意义，边界之外是负向意义。我从评判的角度使用"正"和"负"，"正"意味着接受，说的是"是"，负向意味着拒绝，说的是"不"。

一个人自己的神是正义的神，虔诚的人民。其他人的神就是异教徒的统治者。自己国家的士兵是英雄和保卫者，对方国家的军队是歹徒和强盗。

"我知道这些东西。每部二流电影都充满了好人和坏人。我们需要边界这东西做什么呢？尤其是：自体边界和自我边界。这可能是哲学家和语义学家的东西，但是不适合我。你为什么不给我们一些更个人化的东西，比如，关于你的性生活这样让人兴奋的东西。"

这个话题上没有多少可讲的了。只有两个点值得提一下，一个是爷爷和我待得久了一点，知道我意识到它代表着工作和缺乏享受。他只活在他的家和教堂里面。我的父亲大部分活在家庭边界之外。在家里他是一个客人，被服务和敬重。

我的父母发生过很多激烈的争吵，包括肢体冲突，当父亲打母亲的时候她会抓住他茂密的胡子。他经常管她叫一件家具或者一堆屎。

我们从一个地方搬到另外一个地方，随着搬迁，他一步步地把自己隔离了。

在德国，所有的公寓住房都有前院和后院。前院能看到街上的景色，有大理石楼梯和地毯，以及一个仆人专用通道。后院的部分在安斯巴赫街，最少得有一个小花园和一根棍子，是仆人们敲打地毯上灰尘的地方。那时候没有电，因此没有吸尘器和冰箱。

我的妈妈用这些敲地毯的棍子打我。她没有摧毁我的精神，而我折断了她的棍子。

我已经见证过现代的来临。房东在我们的房子里安装电话。液体从蓄电池里出来。我的表哥马丁（Martin）维修它们，我很喜欢他。他对各种各样的手工艺品和小器具感兴趣，这些也令我着迷。他似乎从来对女孩没有兴趣。他自杀了，我总是有一种幻想，觉得他这样做是出于一种绝望，因为他不能戒除自慰的"罪"。

在通电以前，轨道车是马拉的。当他们修建柏林地铁的时候，我观看了巨大的锤掀起巨大的土块进入地面，看了好几个小时。我在滕佩尔霍夫广场（Tempelhof Field）观看了莱特兄弟的第一次跳机，广场是国王的大型阅兵场，现在成了著名的小型飞机场。

同时，我的父母在爬向中产阶级的梯子上变得越来越疏离。

第一个住所仍然是四居室的向后的单元房。

我们下面住着弗赖贝格（Freiberg）一家，有个儿子一开始宣称要学表演，后来是歌唱。通过他，我获得了舞台的邀请。也不全是如此。

四岁时，我爱上了马戏团骑马的演员，她似乎属于另外一个精彩的世界。她的金色服装，她的优雅和泰然自若——童话故事中公主附体。我第一个女神落实了。

这样的世界是我无法触及的吗？也许不是。之后很快，我看到一些男孩子在沙坑扮演马戏团。我接受了小丑的角色。有一天，万一呢，有一天……

我们的客厅有一个很大的凹室。弗赖贝格家的儿子特奥（Theo），用这块地方制造戏剧。我妈妈的两个妹妹——萨尔卡（Salka）阿姨和克拉拉（Clara）阿姨——也在里面。我一个词都不懂，但是我被允许负责拉开帘子，并且做一些小事，观看排练。他特别爱排练拥抱。尽管我难以想象他从被束身衣包裹的女士身上获得了什么。

不久之后，木偶剧《潘趣先生》，真正的剧院表演，令人享受、严肃。这些演员是什么人，竟然可以让自己变成完全不同的样子？

当特奥在我的希伯来语老师的帮助下，演出歌剧——《游吟诗人》（*Il Trovatore*）[1]时，我很失望。舞台和道具简陋残破，他们在地板上扭动着，向着彼此歌唱。我因为发现它很滑稽才让自己安定下来。我滑稽地看待他的努力，以此方式来掩盖我自己的失望。

---

[1] 威尔第的经典四幕歌剧。——译注

我们一直保持联系，很久之后我和特奥的剧团到小城市的剧院里进行一些演出。

我已经入侵到真正的剧院。这发生在我再次向阿斯卡尼文理中学的生活妥协之后。

他们有时候需要很多"临时演员"为皇家剧院演出。有一个演员负责此事。他被分配了半马克，每个人12.5分，我们因为是学生而拒绝了报酬，我们当时很客气。我们喜爱戏服和参与感，并通过现场的方式熟悉文学。

有时候国王会观看《科尔贝格》（Kolberg），一个关于围攻的故事。然后命令传下来："呼喊和欢呼加到平时的两倍。"

然后我把忠诚转向了德意志歌剧院，马克斯·赖因哈德是那里的负责人。他是我遇到的第一个创造性天才。作者的梦在这里成真了。喷涂的道具必须离开。声音浮夸的拙劣演员必须离开。和其他演员不能衔接的角色必须离开。一切都得到考虑，直到戏剧转化进现实，又为观众保留了足够的幻想空间。

他具有无限的耐心，可以排练到所有演员的声音协调一致。他知晓紧张和寂静之间的节奏，所以把散文变成了音乐。悲剧《俄狄浦斯》，演出时几百人组成一个人声乐团，在锣声节奏辅助下表现呼喊求助，冷酷地揭示出人类的无罪之罪；《仲夏夜之梦》成了所有童话里最梦幻的一个；歌德《浮士德》第二部分因其丰富的古代和中世纪神话而被拉长到六个半小时，一种对历史、哲学和人类的救赎渴望的生动见证；每个人与死神的会面的色彩斑斓的画面——都在最大程度上活起来，不是"仅仅表演"。

我进入了一种多重存在的生活。比如，有一个夏天，很多天是这样的：早上，我在乘高架火车去学校的路上做作业；从学校到家很快吃完午餐，然后骑自行车到露天剧场，那里我获得了第一个演员合同。每次演出我能赚到五马克，这是我闻所未闻的金额。

之前我没有零用钱。我要么从我妈的钱包里偷，要么辅导笨学生赚钱。现在我不仅可以为表演课程付费，而且能给我自己买辆摩托车。

下午的表演结束之后，骑四英里回去，有时候甚至来不及回家吃晚饭，因为要准时去参加赖因哈德的演出，演出经常要持续到深夜。我的母亲吓得哆嗦，害怕我父亲在我之前回到家，那样的话他又得发一阵火。但是这种情况很少。他要么在德国的某个地方售卖他的酒或者他的思想，要么在外面享受美酒、女人和歌声。

那个时候，我不是个好演员，表演课对我也没有什么促进作用。然而我很擅长模仿很多著名演员的声音。换句话说，我是一个好的模仿者，但是完全没有创造力。直到五年前我才发现出色表演的秘密。

那是在以色列的艾因荷德的一次聚会上。一众人登台表演。我充满嫉妒，当我嫉妒或者嫉羡的时候，我身体里的魔鬼就占了上风。我决定给他们制造铭记一生的惊吓，扮演死亡。诡计就是让他们相信我真的在死去。这个诡计，我现在相信就是歇斯底里的基础。结果很成功。天呀，他们着急的那个样子，很担心——直到我鞠了一躬，让他们感觉非常愤怒。现在我是一个好的演员和表演者，轻松实现变色龙一样的转变。我给很多人带来了快乐，大多数是用扮演小丑的方式。

我又感到无聊、没兴致。在我多少对爷爷的梦进行工作之后，我看到我有各种理由感觉到满足。我获得了名声、金钱、朋友、才能。针对我自己病理性的工作也进展良好。在我投入这本书的写作之后，那种致命的无聊感消失了。现在它又以一种缩减版的方式回来了。当我享受我自己的残忍的时候——就像在战争中军队像蚂蚁一样行进，成为无情而不可摧毁的部落，削弱了我的根基或者至少蚕食了我的良好的品性——我感觉到鲜活和参与感。

当我集中在我精神分裂层的时候，我可以越来越警惕，见证千百种现象出现。但是然后，我要么会睡着，要么会变得不安且兴奋，我经常不能忍受这种兴奋，而是浮想联翩，然后迷失在困惑里，没有一个锚定点去参与。

一度，我以为这次我会清除我打字的阻碍，能够达到每分钟五六十字的速度——然后我没成功，又失去了兴趣。

现在我开始非常能够觉察到我身上的魔鬼，传递着有毒正义的判断。我仍然卡着。我在听勃拉姆斯（Brahams）的五重奏。不，我没有听进去，我只是听着，没有投入。当然，现在它开始占据我的兴趣，写作变得非个人化和沉重。好的，勃拉姆斯；我投降。我的无聊不见了。

我对两个现象最感兴趣：投射和痛苦。如果我们遵从简化的拓扑学、放置和空间移动，我们就会一次次地观察到我们每一个人都想要保持边界里面的区域尽可能地和谐愉快。为了做到这点，我们不得不净化自我。

我想要回到书的一开始，回到真实的自体实现和扭曲的自体意象之间的区别；我们先天遗产的潜能所是的我和我们以为应该的我之间的区别；存在和人为的成就之间的区别；自发性和刻意性之间的区别。

大约十天前我写了这两个段落。然后我就失去了书写的劲头。我为"宴会中心"的员工做了一个工作坊，还做了一个周末研讨会。我有一些只在幻想中写下来的好主意。当然，合理化的说法是，"有什么用呢"，轻易地忘记了我是出于自己的需要而写，而不是为了人类而写。

我告诉迪克·普赖斯，我正迈向一种无承诺的（non-commitment）生活。我感兴趣于——而且着迷于——解决精神分裂的谜语。我相信对一个个案的透彻理解，胜于对上百个个案和控制个案的研究和审查。从这个角度而言，我完全追随着库尔特·戈尔德施泰因和西格蒙德·弗洛伊德。我在他们两个身上看不到的是对角色扮演的欣赏。戈尔德施泰因的研究本质上是围绕着应对进行的。施奈德，他著名的个案，被给予一个任务以展示他是如何表演的，是什么让他在第一个个案里表演（*perform*）。我转换到脑炎个案的表演，当他不渴却被要求喝一杯水的时候。当他把这当成一种表演，也就是一种刻意的虚假行为的时候，他带着颤抖和紧绷这样做。当他真诚、自发，不是在表演的时候，他带着松弛和惬意喝水。如果理论是正确的，也就是说，一个脑损伤的人没有分类思考方式，那么答案就会是："我不想要，我没有服从的需要。"

一件事情似乎是确定的。就如所有模糊的现象，具有既定的答案。唯一的困难是如何问出对的问题。

肯·普赖斯（Ken Price）今天出发了，去管理我们第一个基布兹场地。如果我说我不想要让我自己投身任何未来项目，但是同时又谈论对精神分裂进行调查并开始第一个格式塔基布兹，那么从表面上看这似乎是不一致的。

当我让自己投身其中的时候，我是非常可靠的。我可以在美国任何地方、任一特定时间赴约，我会出现在那里。我仍然有一串工作坊和研讨会要做；我已经承诺在加州大学圣芭芭拉分校待一个月。我还有一个巡回工作坊以及从佛罗里达到温哥华持续六周的讲座，然后我就没有应允的事情了，我让未来空出来，依政策发展和我的兴趣而定。

同时，我有各种幻想和计划、各种可能性，我缺乏确定性。任何事情都可以发生，包括死亡。

在我的一生中我经常躲过死亡，也有很多次渴望死亡。目前，我发现生命充满了愿景和我很喜欢的风险。

我几乎杀死我自己的最傻的一次发生在我第一次独自飞行的

时候。如今你可以让你的驾驶舱下面的三个轮子直接着地。我们那时候必须精准地让飞机熄火才能降落。我那个时候不熟练，着陆很糟糕，然后又决定立即起飞。但是这个破家伙不愿意离开地面，隐约浮现于我面前的飞机跑道，边上是森林。最后我离开了地面，无疑是撞到了树木顶部，勉强地离开了它们。我向后看。我的教导员在那里猛烈地挥舞着胳膊。我转弯了，很好地着陆。他指向螺旋桨。我不相信我眼睛看到的。螺旋桨几乎没有了。由于第一次着陆时的操作，我撞碎了螺旋桨，竟然（多厉害的飞机！）用残余的螺旋桨努力飞到了海拔六千英尺（约翰内斯堡）的高度。

生活在那样的海拔对我来说不是问题，在露天驾驶舱里面飞到几千英尺高的地方也不困扰我。那时候我心脏没有明显的问题。但是现在呢？

被提议的基布兹在新墨西哥海拔七千五百英尺的地方。这可能是一件有压力的事情。像我前面认为的那样，个体治疗是过时的，我现在认为零碎的团体会面和工作坊也是过时的。马拉松会面太牵强。

我现在提出实施以下实验。在基布兹里，研讨会成员和员工的区分必须废除。所有的工作都需要由来基布兹的人完成。永久员工包括：（1）照顾者和发展者，他们是具有农场经营和建设等背景的人；（2）治疗师。

重点是发展一种社区精神和成熟。人们需要来这里待三个月，这段时间最初的费用是一千美元。每个月都将有一次人员流动，有十个人离开又有十个人到来。有种蔬菜的有机农场，以及一个做简单家具的手工店。

我们在那里有一所很棒的房子，但是还需要另外的建筑。一旦这些房子建立起来费用就会降低，也许最终会废除。

第一个基布兹应该是一个培养领导的地方。我已经有几个专业咨询师签名了。

如果这种实验可行，未来就会有针对家庭、非专业个人、青少年，黑人和白人、伯奇主义者（Bircher）和嬉皮士的实验。

谁能说得准呢？也许最终会扩散到贫民区和其他建设性的生活方式受到欢迎的地方。

今晚，我终于感觉到一些书写的冲动。更多的片段归入各处。用传感系统和运动系统区分我们与世界的关系越来越有道理。上一周我被听觉占据了，主要是音乐，而去写、做、说的运动性冲动，得到较少的生物能。我现在有几个强迫性运动行为的例子，已经到达了成瘾和偏执（它们联系得非常紧密）的程度，所有这些例子里面都缺乏感受。

这点对于理解精神分裂的极端两极是很有价值的：偏执性运动一极缺乏敏感性，而后撤的一极对自己缺乏目的性的运动性活动很是敏感。我也知道我不压制我的抽烟习惯是正确的。无论何时，我一回避不舒服的感受，能量就进入运动，当然，香烟是最趁手的借口。

随着书写热情的下降，我的上位狗接管了，唠叨着要我完成这本书，把松散的线头聚拢起来，想办法让我的想法更容易理解。比如，我在思考一个印度词"摩耶"（maya）——在欧洲哲学里，就是"仿佛"的哲学。摩耶与现实，也就是可观察的共同世界，形成对照。这两者可以南辕北辙，这种情况就是精神失常，或者它们可以被整合，那就是艺术。所有的幻想、思考、游戏和角色扮演、梦、小说等，都是摩耶的一部分。最重要的是自我和自我边界的幻觉。

对边界功能的说明几乎完整了，但是我们需要补充两个现象：美学和所有权。

美学行为的一极与道德问题的归类类似；一切美的事物都在边界里面，一切丑的事物都在外面。德语中表达丑的词是"haesslich"，亦即"憎恨的"。"爱"和"美"几乎是同义词。

查理三世像很多"异常"的例子一样，是正常边界的反面。"因为我丑，所以我可能也是一个恶魔，并痛恨美和美好的事物。"

也许最简单的理解是边界里面的所有权的感觉。边界里面的一切东西都是"我的"，是所有物，得到应有的尊敬。外面的一切都是你的，不是我的，无论是东西还是态度。嫉妒或贪婪可能想把外面的东西纳入自己的边界，同时一个人想要把里面丑的、有毒的、坏的、脆弱的、疯狂的、愚蠢的、陌生的、症状性的东西和态度清除出去，而在精神正常的情况下，这些会被认同为我的。

这就是新陈代谢导致的内摄：通过显现出比自己所是要多的方式来篡改自体。在压抑和投射中也有自体的伪装：似乎少于自己本来的自体。这种新陈代谢意在回避痛苦、不舒服，是伪痛苦。

现在我们终于看到健康、神经症和精神病图形。极端的例子是罕见的，每个人都在一定程度上存在三种可能性。

在健康状态下，我们与世界及我们的自体接触，也就是和现实接触。

在患有精神疾病的情况下，我们与现实失去接触，而与摩耶接触，一种围绕自我的妄想系统，比如频繁的夸大和无价值的症状。

在神经症中，自我和自体之间、妄想和现实之间上演着持续的战争。

妄想系统工作原理犹如癌症一般，吸收越来越多的生命能量，逐步削弱活生生的有机体的力量。心理疾病的严重程度取决于与自我或者自体认同的功能。精神病患者说"我是亚伯拉罕·林肯"，神经症患者说"我想要像亚伯拉罕·林肯一样"，健康人说"我就是我自己"。

现在治疗过程变得显而易见。我们必须排干妄想系统、中间区域、自我、情结，让能量为自体所调配，因此有机体可以生长并使用自己的内在潜能。

在这一过程中我们可以观察到人格中的洞是如何消失的，一个人是如何再次成为功能良好的完整个体的。

西格蒙德·弗洛伊德："皮尔斯博士，你没有告诉我任何新东西。只不过你的说法不同而已。我也可以用你的语言解释我的取向。如果一个人性功能不良，你就会说他没有性器官，是空的。兴奋继续，没有进入他的性器官，而是进入口腔和肛门区，制造了很多扰乱，就像变态和性格特征。一旦力比多进入性器官区域，其他的区域就可以自由地用于有机体功能，不被闯入的力比多打扰。性器官变得活起来，恰当地发挥生物功能——甚至是社会功能。成熟和健康已经得到实现。空被填补了。"

弗里茨：我很开心我们能够找到一个共同的操作基础。毫无疑问我敬佩你的韧性，这是你在解救在西方文化中处于罪恶地位的性的过程中所体现出来的。你也设立了填补其他洞的范式：在你的一生中你有过太多发现，这些发现成为我们研究必不可少的工具。

确实，我们已经重新组织了你在 19 世纪用有限的智性工具得出的取向，以适应 20 世纪的需要。你会很容易同意我的说法——还有太多的洞需要填补。实际上你至少已经清楚地看到了另外一个洞：失忆。你使用了那个意象，从现实借用了审查员，审查员是禁止特定文字出现在报纸上的人，你指的是空白而不是印刷品。

我借用了你的例子来说明我们时代的神经症：不完整的、平淡的、有洞的人格而不是具有充实内容的人。

现在强调的重点从关注具体的症状、性格特征和冲突，切换到了对空、洞、空洞空间、无物、不完整进行一种猎巫行动。

你实现空的具体方式是压抑。我们必须把它扩大到任何种类的回避：注意力的后撤、恐惧的态度、固着于不相关的议题、格式塔形成的扭曲、不敏感、心理迷雾等。

因此"你在回避什么"这个问题在格式塔治疗中备受推崇，变成了我们的梦工作的基本态度。

对于我们存在主义者来说，基本议题当然是完整的自体、真诚、真实并全然在场。

这种自体的整体被自我摩耶取代和替换。就像阿兰·沃茨有天对某人所说的："他不过是皮肤包裹着的一个自我，此外再无他物。"

为了让这个基础议题清澈透明，让我们再举一个极端的例子，比如脑炎的例子。那个例子中我们比较了颤抖着去拿一杯水那种刻意的自我功能，以及如果是由口渴形成的格式塔驱动的惬意的自体功能运作。

在酒精成瘾的人身上我们有时看到科尔萨科夫（Korsakoff）综合征引起的失眠。患者没有觉察到自己的记忆的洞，而是用幻想填补。他用伪造的记忆填补荒芜的空白。

因此真诚的自体越是缺失，我们就越是会填补那个洞。自我从自体获得的接触和支持越少，自我就越是虚假并形成纸浆性格。

在我与克拉克·哈佩尔进行分析期间，我获得了在精神分析中为数不多的真实体验之一。我的很多方向性支持来源于我的上位狗。当这点崩塌的时候，我连着几晚在法兰克福的街道上散步，感到迷失，不知道做什么。这是一个洞而不是自主的方向或者可接受的外部指引。我当时不信任她，也不信任我自己。

我曾经学习过百分百地信任我自己吗？

> 加拿大格式塔学院
> 不列颠哥伦比亚省，考伊琴湖畔
> 1969 年 6 月

我在三个月时间内写了《进出垃圾桶》，之后什么也没写。仿佛突然间写作的冲动出现了，然后我又干瘪了。

我已经踏上了新的冒险征程——一个治疗社区。基布兹还没有成为现实。我和温哥华的水族制作公司（Aquarian Productions）拍摄了制作精良的影片，偶尔地我想象未来我还会再写。

现在，现实要求我投入所有的兴奋，几乎没有空间留给废话。你在《格式塔治疗实录》里面可以看到很多废话，如果你想要听我讲，你可以去听约翰·史蒂文斯（John Stevens）录制的磁带，他还用磁带制作了书。

译名对照表

（按汉语拼音顺序排列）

阿德勒　Adler
埃伦费尔德　Ehrenfeld
艾丁根　Eitingon
爱因斯坦　Einstein
奥康奈尔，文森特　O'Connell,
　　Vincent
奥马德法泽尔，弗雷德
　　Omadfasel, Fred
拜塞尔，阿诺德　Beisser,
　　Arnold
贝克莱　Berkeley
比尔曼，西尔维亚
　　Beerman, Sylvia
毕加索　Picasso
宾斯万格　Binswanger
波拿巴，玛丽　Bonaparte,
　　Maria
波斯纳，洛尔　Posner, Lore
伯恩，艾瑞克　Berne, Eric
柏格森　Bergson

布伯，马丁　Buber
布思，拉里　Booth, Larry
蔡斯，迪克　Chase, Dick
黛德丽，玛琳　Dietrich,
　　Marlene
丹齐格　Danzig
德雷克霍斯　Dreykhos
蒂利希　Tillich
多伊奇，海伦妮　Deustch,
　　Helene
法雷尔，约翰　Farrel, John
法林顿，约翰　Farrington,
　　John
凡·高　Van Gogh
范杜森，威尔逊　Van Dusen,
　　Wilson
费德恩，保罗　Federn, Paul
费尼谢尔，奥托　Fenichel,
　　Otto
费英格　Vaihinger

269

弗赖贝格　Freiberg
弗里德伦德尔　Friedlaender
弗洛伊德，西格蒙德
　　Freud, Sigmund
冈瑟，伯尼　Gunther, Bernie
高尔丁，鲍勃　Goulding, Bob
高更　Gaugin
戈尔德施泰因，库尔特
　　Goldstein, Kurt
戈尔登斯　Goldens
格尔布　Gelb
格林沃尔德，杰里　Greenwald, Jerry
格罗德克　Groddeck
古特弗罗因德，佐玛
　　Gutfreund, Soma
哈尔尼克　Harnick
哈佩尔，克拉拉　Happel, Clara
海德，安　Heider, Ann
海德，约翰　Heider, John
海森堡　Heisenberg
黑塞，赫尔曼　Hesse, Hermann
胡塞尔　Husserl
怀特海　Whitehead
惠特克　Whittaker
霍尔，鲍勃　Hall, Bob
霍兰德　Holland
霍尼，卡伦　Horney, Karen

卡萨诺瓦　Casanova
凯泽，赫尔穆特　Kaiser, Helmuth
柯罗　Corot
柯日布斯基　Korzybski
科勒　Köhler
克拉夫特　Krafft
克利　Klee
克诺普夫，费迪南德　Knopf, Ferdinand
库比，劳伦斯　Kubie, Lawrence
拉斐尔　Rapheal
赖希，威廉　Reich, Weilhelm
赖因哈德，马克斯　Reinhardt, Max
兰道尔，卡尔　Landauer, Karl
勒温，库尔特　Lewin, Kurt
雷诺阿　Renoir
里尔克，赖内·马利亚　Rilke, Rainer Maria
卢梭　Rousseau
伦勃朗　Rembrandt
罗尔夫，艾达　Rolf, Ida
洛温　Lowen
洛伊施克　Leuschke
马蒂　Marty
马斯洛　Maslow
玛哈礼希　Maharishi
麦克卢汉　McLuhan

米开朗琪罗　Michelangelo
莫平，埃德　Maupin, Ed
墨菲，迈克　Murphy, Mike
诺伊曼，阿尔玛　Neumann, Alma
皮尔斯，弗里茨　Perls, Fritz
皮尔斯，弗里德里克·S.　Perls, Frederick S.
皮尔斯，弗里德里希·萨洛蒙　Perls, Friedrich Salomon
皮亚蒂戈尔斯基　Piatigorski
普赖斯，迪克　Price, Dick
普赖斯，肯　Price, Ken
切波斯，阿特　Ceppos, Art
琼斯，欧内斯特　Jones, Ernest
琼斯，珍妮弗　Jones, Jennifer
荣格　Jung
萨提亚，弗吉尼亚　Satir, Virginia
塞尔弗，夏洛特　Selver, Charlotte
塞利格　Selig
沙利文　Sullivan
舍勒　Scheler
施莱希　Schleich
施耐德　Schneider
施尼茨勒，阿图尔　Schitzler, Arthur
施陶布，赫尔曼　Staub, Herman
史蒂文斯，约翰　Stevens, John
史末资，扬　Smuts, Jan
舒茨，比尔　Schutz, Bill
斯坦，格特鲁德　Stein, Gertrude
泰勒，伊丽莎白　Taylor, Elizabeth
汤普森，克拉拉　Thompson, Clara
瓦格纳-尧雷格　Wagner-Jauregg
韦特海默　Wertheimer
魏宁格　Weininger
魏斯，保罗　Weiss, Paul
沃茨，阿兰　Watts, Alan
西林斯基，洛特　Cielinsky, Lotte
西姆金，吉姆　Simkin, Jim
希尔施曼　Hirschman
席尔德，保罗　Schilder, Paul
席尔德克劳特　Schildkraut
席勒　Schiller
肖斯特罗姆，埃弗　Shostrom, Ev
谢泼德，伊尔玛　Shepherd, Irma
亚当斯，乔　Adams, Joe
约纳斯，弗兰茨　Jonas, Franz